数学基礎プラス γ（解析学編）2020

― 効用を最大にするには？ ―

早稲田大学グローバルエデュケーションセンター 数学教育部門 編

2020 年 4 月

執筆者一覧

上江洲　弘明（全編担当）

野口　和範（1，2章改訂，全編改訂）

編者を代表して

　本書は早稲田大学グローバルエデュケーションセンター設置のオンデマンド講座「数学基礎プラス」シリーズ中の教科書として書かれたものであるが, 独立した自習書としても利用出来るような工夫がなされている. 以下では早稲田大学における「数学基礎プラス」シリーズの位置づけについて述べる.

　早稲田大学では,「研究の早稲田」と並んで「教育の早稲田」をスローガンに掲げており「基盤教育」を柱の一つに据えている. 基盤教育は,「アカデミックライティング」(「学術的文章の作成」など),「数学」(「数学基礎プラスα (金利編)」など),「データ科学」(「統計リテラシーα」など),「情報」(「情報科学の基礎」など),「英語」(「Tutorial English」など) からなっており, いわば, 現代大学生のための「読み・書き・算盤」である. 受講生の立場からは, これらを修得することにより, 社会に出るにあたって最低限必要な学力を身につけることができ, 一方, 早稲田大学としては, これらの科目を習得させることにより, 学生の学力の最低限度を保証 (卒業時の学力の出口保証が) できる.

　「数学基礎プラス」シリーズは, 2008 年度秋学期 (後期) に開始された.「数学基礎プラスα (金利編)」(以下, α (金利編) などと略す), α (最適化編), β (金利編), β (最適化編), γ (線形代数学編), γ (解析学編) の 6 科目からなっている. これらの科目のねらいは社会に出て必要となる「数学的思考力」(数学の基礎知識や論理的思考力) の養成であり, 主として非自然科学系学部の新入生が対象となる. 各科目はそれぞれ 8 回で完結する 1 単位科目としてフルオンデマンド講義で提供される (実際は, ビデオ講義 (黒板を使った講義の映像) に加え, 小テスト, LA による対面指導, mail 等によるきめ細かな質問対応を行っている).

　「α」「β」「γ」は大まかなレベルを象徴しており, 開講当時の各科目は次のようなレベル分けをイメージして設計していた.

α:　　2次方程式の「判別式」や「解の公式」の理解が怪しいレベルの学生が受講対象
β:　　2次方程式の「判別式」を理解しており,「実数解」が得られる場合には,「異なる2実解」「2重解」の両方とも解くことが出来るレベルの学生が受講対象
γ:　　「複素解」の場合にも解くことが出来るレベルの学生が受講対象 (自然科学系の学生も受講可能)

　また,「数学基礎プラス」シリーズは高校数学を前提とせずに受講できるが, 一方で高校数学では扱っていない項目も含まれていて, 社会で使われている数学の一端を垣間見ることが出来るだろう. また, 大学で学習する数理系科目に繋がるような工夫がなされているので, 本書をそのような目的で利用しても良いだろう.

2020 年 2 月

瀧澤　武信

謝辞

　本書は早稲田大学の全学基盤教育「WASEDA 式アカデミックリテラシー」の数学分野「数学基礎プラス」シリーズの一科目の教科書として作成されています.

　本書の作成・発行にあたって, グローバルエデュケーションセンター職員の方々, 早稲田大学出版部の方々, 加藤文明社の方々には大変お世話になりました.

　最後になりますが, 本数学シリーズの授業は過去にご担当された先生方 (新庄玲子氏, 上江洲弘明氏, 大枝和浩氏, 齋藤正顕氏, 遠藤直樹氏, 登口大氏, 永島謙一氏, 坂田繁洋氏, 佐々木多希子氏, 浦川遼介氏) が築き上げた授業内容・教育手法を踏襲し開講されており, 授業運営に当たっては自学自習 TA (LA) の方々の多大な貢献により成り立っていることを申し添えておきます.

2020 年 2 月

グローバルエデュケーションセンター数学教育部門

目 次

数学記号・ギリシャ文字

　ここでは，本書で用いる数学記号・ギリシャ文字について説明する．

■ 数学記号

記号	読み方	意味
(1) P⇒Q	P ならば Q	P のことから Q のことが言える
(2) P⇔Q	P と Q は同値	P⇒Q と Q⇒P が同時に成り立つ
(3) P and Q	P かつ Q	P と Q が同時に成り立つ
(4) P or Q	P または Q	P と Q の少なくともどちらか一方が成り立つ
(5) $a \leq b$	a は b 以下	a は b より小さい または 等しい（$a \leqq b$ と同じ）
(6) $a \geq b$	a は b 以上	a は b より大きい または 等しい（$a \geqq b$ と同じ）
(7) P:=Q	P を Q で定義	P を Q という式で定義する
(8) $a \neq b$	a ノット イコール b	a と b は等しくない
(9) $\pm a$	プラスマイナス a	a と $-a$ の両方
(10) $a \approx b$	a を b で近似	a の近似値は b である（$a \fallingdotseq b$）
(11) $|a|$	絶対値 a	$a \geq 0$ のときは a，$a < 0$ のときは $-a$ を表す

これらの数学記号に加え，本書では以下の記号を用いる．

・「証明の終わりを示す記号」 として “■”

■ 集合の記号

記号	意味	解説
(1) ⊂, ⊃	部分集合である	「$A \subset B$」は，「A が B の部分集合である」ことを 意味する
(2) ∈, ∋	集合の元である	「$x \in A$」は，「x が A の元である」ことを 意味する
(3) ∉	∈ の否定	「$x \notin A$」は，「x が A の元でない」ことを 意味する
(4) ϕ	空集合	空集合を表す.
(5) N	自然数の集合	自然数「1, 2, 3, …」の全体を表す. (Natural number)
(6) Z	整数の集合	整数「…, $-3, -2, -1, 0, 1, 2, 3, \ldots$」の全体を表す. (独語: Zahlen)
(7) Q	有理数の集合	有理数（「整数／整数」で表せる数）の全体を表す. (Quotient)
(8) R	実数の集合	有理数・無理数（「整数／整数」で表せない数） の全体を表す. (Real number)

■ ギリシャ文字

　数学では，定数や変数等を表す際にアルファベットを用いるが，ギリシャ文字も使うことがある．参考までにギリシャ文字の表を載せておく．

大文字	小文字	英表記	読み・カナ表記
A	α	alpha	アルファ
B	β	beta	ベータ
Γ	γ	gamma	ガンマ
Δ	δ	delta	デルタ
E	ϵ	epsilon	エプシロン／イプシロン
Z	ζ	zeta	ゼータ
H	η	eta	エータ／イータ
Θ	θ	theta	テータ／シータ
I	ι	iota	イオータ／イオタ
K	κ	kappa	カッパ
Λ	λ	lambda	ラムダ
M	μ	mu	ミュー
N	ν	nu	ニュー
Ξ	ξ	xi	クスィー／クサイ／グザイ
O	o	omicron	オミクロン
Π	π	pi	ピー／パイ
P	ρ	rho	ロー
Σ	σ	sigma	シグマ
T	τ	tau	タウ
Υ	υ	upsilon	ウプシロン／ユプシロン
Φ	φ	phi	フィー／ファイ
X	χ	chi	キー／カイ
Ψ	ψ	psi	プスィー／プサイ
Ω	ω	omega	オメガ

第1章

講義ノート

#0. 復習

0.1. 集合と論理

■ 集合

「もの」の集まりを**集合**という．数学で扱う集合とは，対象となるすべての「もの」に対して，その所属が明確である集まりのことと定義する．例えば，実数全体を対象とし，「100 以上の整数の集まり」と「大きな数の集まり」について考えてみよう．「100 以上の整数の集まり」はすべての実数について"所属するかしないか"が明確であるので集合であるが，「大きな数の集まり」はすべての実数について"所属するかしないか"が明確でないので集合とはいえない．

数学では集合を構成する「もの」を**元**（あるいは**要素**）という．x が集合 S の元であることを「x は S に**属する**」といい，$x \in S$ と表す．一方，y が集合 S の元でないことを「y は S に**属さない**」といい，$y \notin S$ と表す．また，元が 1 つも無い集合を**空集合**といい，記号 $\emptyset$ で表す．

数学において，自然数，整数，有理数，実数の集合は以下の記号で表される．

自然数： $\boldsymbol{N}$（natural number（英：自然数）に由来）

整数： $\boldsymbol{Z}$（Zahl（独：数）に由来）

有理数： $\boldsymbol{Q}$（quotient（英：商）に由来）

実数： $\boldsymbol{R}$（real number（英：実数）に由来）

例えば，「a は実数である」あるいは「実数 a」は集合の記号を用いて以下のように表される．

$$a \in \boldsymbol{R}$$

■ 集合の表記法

たとえば集合 A を 18 の正の約数全体とするとき，

(1) 要素を書き並べる

$$A = \{1, 2, 3, 6, 9, 18\}$$

(2) 要素が満たす条件を書く

$$A = \{\, x \mid x \text{ は 18 の正の約数} \,\}$$

の 2 通りの方法で表現することができる．また，要素を書き並べる場合，要素の個数が多い場合には「⋯」を用いて表すこともできる．上の「要素を書き並べる方法」を**外延的記法**といい，「要素が満たす条件を書く方法」を**内包的記法**という．

【例題 0.1】 次の問いに答えよ．

(1)　−2 より大きく 4 より小さい整数の集合 A を外延的記法および内包的記法で表せ．

(2)　集合 $B = \{ t \mid t \in \mathbf{R}, t^2 - 3t + 1 \}$ を外延的記法で表せ．

(3)　−3 以上 2 未満の実数の集合 C を内包的記法で表せ．

(4)　5 以上の自然数の集合 D を内包的記法で表せ．

(5)　xy 平面において，直線 $x = 1, x = 3, y = -2, y = 1$ に囲まれた境界を含む長方形領域にある点の集合 E を内包的記法で表せ．

［解答］

(1)　外延的記法：$A = \{-1, 0, 1, 2, 3\}$

　　内包的記法：$A = \{x \mid x \in \mathbf{Z}, -2 < x < 4\}$

　（**注意**：原則として，内包的記法においてその集合に属する元が満たすべき条件が複数ある場合（例えば (1) では「$-2 < x < 4$」と「$x \in \mathbf{Z}$」），"," (カンマ) を用いて条件を書き並べる．）

(2)　$t^2 - 3t + 1 = 0$ を解いて

$$t = \frac{3 \pm \sqrt{5}}{2}$$

この値は実数値であるので $t \in \mathbf{R}$ を満たす．よって，

$$B = \left\{ \frac{3 - \sqrt{5}}{2}, \frac{3 + \sqrt{5}}{2} \right\}$$

(3)　$C = \{ x \mid x \in \mathbf{R}, -3 \leq x < 2\}$

　（**注意**：今回，変数に x を用いたが別の文字を変数としてもよい．集合の場合，慣例的に自然数や整数の場合は m, n を用いる場合が多い．）

(4)　$D = \{ n \mid n \in \mathbf{N}, 5 \leq n \}$

(5)　問題の条件を図示すると右図のようになる．
　　よって，

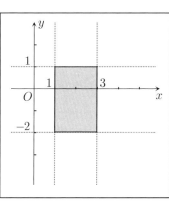

$$E = \{(x, y) \mid x \in \mathbf{R}, y \in \mathbf{R}, 1 \leq x \leq 3, -2 \leq y \leq 1\}$$

　（**注意**：$a \in A, b \in B$ に対し，組 (a, b) の集合を**直積集合**といい記号 $A \times B$ で表す．(5) では「$x \in \mathbf{R}, y \in \mathbf{R}$」の部分を「$(x, y) \in \mathbf{R} \times \mathbf{R}$」もしくは「$(x, y) \in \mathbf{R^2}$」と表すこともできる．）

【問 0.1】 次の問に答えよ.

(1)　4 以下の自然数の集合 A を外延的記法および内包的記法で表せ.

(2)　集合 $B = \{\, a \mid a \in \mathbf{Z},\, a^2 + a - 6 \leq 0 \,\}$ を外延的記法で表せ.

(3)　-10 より大きくて 13 以下の実数の集合 C を内包的記法で表せ.

(4)　xy 平面において，中心が原点で半径 4 の円に囲まれた円領域および境界線上にある点の集合 D を内包的記法で表せ.

■ 命題と必要条件・十分条件

　式や文章で表された事柄で，正しいか正しくないかが明確に決まるものを**命題**という. 命題が正しいことを**真**であるといい，正しくないことを**偽**であるという.

【例題 0.2】 次の命題の真偽を答えよ. また，偽である場合には反例を挙げよ.

(1)　偶数の 2 乗は偶数である

(2)　a, b を実数とする. a, b が無理数ならば ab も無理数である

(3)　a, b を実数とする. $a + b$ が有理数ならば a, b も有理数である

［解答］

(1)　真

(2)　偽

　　反例：$a = \sqrt{2},\, b = -\sqrt{2}$

(3)　偽

　　反例：$a = \sqrt{2},\, b = -\sqrt{2}$

【問 0.2】 次の命題の真偽を答えよ. また，偽である場合には反例を挙げよ.

(1)　実数 x, y について，$x + y \geq 0$ ならば，$x \geq 0$ または $y \geq 0$ である.

(2)　a, b を正の実数とする. このとき，$\sqrt{a + b - 2\sqrt{ab}} = \sqrt{a} - \sqrt{b}$ が成り立つ.

(3)　$a > 0, b > 0, \sqrt{a} + \sqrt{b} \leq 1$ であれば，$a^2 + b^2 \leq 1$ である.

　ある命題 P が，"A ならば B である" というように述べられているとする. このとき，条件 A を命題 P の**仮定**，条件 B を P の**結論**といい，記号 $A \to B$ で表す. 特に，命題 P が真（「条件 A が真なら必ず条件 B も真」または「条件 A が偽」が成り立っている）のとき，記号 $A \Rightarrow B$ で表す.

　また，$A \Rightarrow B$ であるとき，A を「B であるための十分条件」，B を「A であるための必要条件」という.

【例題 0.3】 次の □ に当てはまるものを下の①〜④から選べ. ただし, x は実数とする.

(1) 　$x = 2$ は, $x^2 = 4$ であるための □ .

(2) 　$x^2 > 9$ は, $x < -3$ であるための □ .

(3) 　自然数 n について, n が 3 の倍数であることは, n^2 が 3 の倍数であるための □ .

　① 必要条件であるが十分条件でない

　② 十分条件であるが必要条件でない

　③ 必要十分条件である

　④ 必要条件でも十分条件でもない

〔解答〕

(1) 　②

　　（「$x = 2 \to x^2 = 4$」は真であるが,「$x^2 = 4 \to x = 2$」は偽）

(2) 　①

　　（「$x < -3 \to x^2 > 9$」は真であるが,「$x^2 > 9 \to x < -3$」は偽）

(3) 　③

　　（「n が 3 の倍数 $\to n^2$ が 3 の倍数」,「n^2 が 3 の倍数 $\to n$ が 3 の倍数」はともに真）

【問 0.3】 次の □ に当てはまるものを下の①〜④から選べ. ただし, x は実数とする.

(1) 　$x = 2$ は, $|x + 2| = 4$ であるための □ .

(2) 　$a^2 - b^2 < 0$ は, $a < b$ であるための □ .

(3) 　$x^2 - 4x - 5 \leq 0$ は, $x^2 - 8x + 15 < 0$ であるための □ .

　① 必要条件であるが十分条件でない

　② 十分条件であるが必要条件でない

　③ 必要十分条件である

　④ 必要条件でも十分条件でもない

0.2. 区間・関数

■ 区間

　実数全体の集合を記号 $\boldsymbol{R}$ で表す. $a, b\,(a < b)$ を定数とするとき, 次の4つの集合を**有界区間**といい, 左辺の記号で表す.

(1)　$[a, b] = \{x \mid x \in \boldsymbol{R},\, a \leq x \leq b\}$

(2)　$(a, b) = \{x \mid x \in \boldsymbol{R},\, a < x < b\}$

(3)　$[a, b) = \{x \mid x \in \boldsymbol{R},\, a \leq x < b\}$

(4)　$(a, b] = \{x \mid x \in \boldsymbol{R},\, a < x \leq b\}$

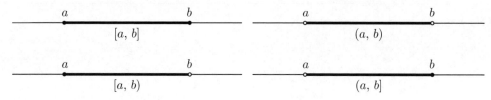

（**注意**：図の端点における●は端点を含み, ◯ は端点を含まないということを表す）

(1) の区間を**閉区間**, (2) の区間を**開区間**という. また, (3) の区間を**左閉右開区間**, (4) の区間を**左開右閉区間**といい, (3), (4) を総称して**半開区間**という. さらに, 下記のものを総称して**無限区間**といい, 左辺の記号で表す.

(5)　$[a, \infty) = \{x \mid x \in \boldsymbol{R},\, a \leq x\}$

(6)　$(-\infty, a] = \{x \mid x \in \boldsymbol{R},\, x \leq a\}$

(7)　$(a, \infty) = \{x \mid x \in \boldsymbol{R},\, a < x\}$

(8)　$(-\infty, a) = \{x \mid x \in \boldsymbol{R},\, x < a\}$

(9)　$(-\infty, \infty) = \{x \mid x \in \boldsymbol{R}\}$

(5), (6), (9) を閉区間, (7), (8), (9) を開区間という（(9) は閉区間でもあり開区間でもあることに注意. 不思議に思う人は開集合, 閉集合について調べてみること）.

また，$(a, b$ が区間に属しているか否かに関わらず) a を左端点，b を右端点といい，両方を併せて**端点**という.

■ 関数

実数値をとる 2 つの変数 x, y があって，「x の値が 1 つ定まると y の値が 1 つ定まる」という関係があるとき，この対応関係を**関数**といい，例えば文字 f で表す. このときの対応関係を明示するとき，$y = f(x)$ と書く. この表記により，値 a に対応する y の値は $f(a)$ と表すことができる. また，変数 x の範囲を**定義域**といい，その定義域に対して関数 f が実際にとる値の全体を**値域**という.

また，関数 f が与えられているとき，集合 $G = \{(x, f(x)) \mid x \in f \text{ の定義域}\}$ を $y = f(x)$ の**グラフ**という. この集合 G は xy 平面上にプロットし視覚化することができ，一般的にその図形は平面上の曲線となる.

例：関数 $y = x^2$ の定義域を $[-2, 3]$ としたとき，そのグラフは右図の太線部分であり，その値域は $[0, 9]$ である.

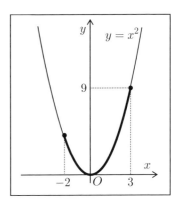

【例題 0.4】 $f(x) = x^2 - 4x + 3 \, (x \in \boldsymbol{R})$ に対し，次の問に答えよ.

(1)　　$f(-3), f(5)$ を求めよ.

(2)　　$f(x)$ の値域を求めよ.

［解答］

(1)　　$f(-3) = (-3)^2 - 4(-3) + 3 = 9 + 12 + 3 = \underline{24}$

　　　　$f(5) = (5)^2 - 4(5) + 3 = 25 - 20 + 3 = \underline{8}$

(2)　　$f(x) = x^2 - 4x + 3$

　　　　　　$= (x - 2)^2 - 4 + 3$

　　　　　　$= (x - 2)^2 - 1$

　　　　より，すべての実数 x に対し $f(x) \geq -1$. よって 値域は $\underline{[-1, \infty)}$.

【問 0.4】 $f(x) = x^2 - 3x + 3\,(-3 \leq x < 5)$ に対し，次の問に答えよ.

(1)　$f(-2)$, $f(2)$ を求めよ.
(2)　$f(x)$ の値域を求めよ.

■ 合成関数

変数 x の関数 $y = f(x)$ と，その値域を含む範囲で定義された変数 y の関数 $z = g(y)$ に対し，$z = g(y)$ に $y = f(x)$ を代入してできる関数 $z = g(f(x))$ を 2 つの関数 $y = f(x)$ と関数 $z = g(y)$ の**合成関数**といい，記号 $(g \circ f)(x)$ で表す.

【例題 0.5】 $f(x) = 3x - 1$, $g(x) = x^2$ に対し，次の問に答えよ.

(1)　$f(g(2))$, $(g \circ f)(-3)$ を求めよ.
(2)　$(f \circ g)(x)$, $(g \circ f)(x)$ を求めよ.

[解答]

(1)　$g(2) = 2^2 = 4$ より
$f(g(2)) = f(4) = 3 \cdot 4 - 1 = \underline{11}$

$f(-3) = 3 \cdot (-3) - 1 = -10$ より
$(g \circ f)(-3) = g(-10) = \underline{100}$

(2)　$(f \circ g)(x) = f(g(x))$
$= f(x^2)$
$= 3(x^2) - 1$
$= \underline{3x^2 - 1}$

$(g \circ f)(x) = g(3x - 1) = \underline{(3x - 1)^2}$

【問 0.5】 次の問に答えよ.

(1)　$f(x) = x^2$, $g(x) = \log_2(x + 1)$ に対し，$(f \circ g)(x)$, $(g \circ f)(x)$ を求めよ.
(2)　次の $f(x)$ に対し $(f \circ f)(x)$ を求め，方程式 $(f \circ f)(x) = f(x)$ を解け.

$$f(x) = 1 + \frac{1}{x - 1} \quad (x \neq 1)$$

0.3. 関数の極限

関数 $y = f(x)$ において，変数 x が一定の値 a <u>以外</u> の値をとりながら a に限りなく近づくとき，関数 $f(x)$ の値が一定の値 b に限りなく近づくならば，

「x が a に近づくとき，関数 $f(x)$ には極限値が存在し，その値は b である」

といい，

$$\lim_{x \to a} f(x) = b$$

と表す（ここで "x が a に近づくとき" というのは，「x の近づき方に関わらず」という意味も含んでいることに注意すること）．

例：$\displaystyle\lim_{x \to 2} (x-4)^2 = \underline{4}$

例：関数 $f(x) = \dfrac{x^2 - 9}{x + 3}$ は $x = -3$ で定義されていない．

　　しかし，$x \neq -3$ のときは約分できて

$$f(x) = \frac{x^2 - 9}{x + 3} = \frac{(x + 3)(x - 3)}{x + 3} = x - 3 \quad (x \neq -3).$$

　　よって，

$$\lim_{x \to -3} f(x) = \lim_{x \to -3} \frac{x^2 - 9}{x + 3} = \lim_{x \to -3} (x - 3) = \underline{-6}.$$

　このように，一般に $\displaystyle\lim_{x \to a} f(x)$ を求めるときに，$f(x)$ は必ずしも $x = a$ で定義されていなくてもよい．

■ 極限の基本的性質

$\displaystyle\lim_{x \to a} f(x) = \alpha,\ \lim_{x \to a} g(x) = \beta$ であるとき，

(1)　$\displaystyle\lim_{x \to a} cf(x) = c\alpha$　　（c は定数）

(2)　$\displaystyle\lim_{x \to a} \{f(x) \pm g(x)\} = \alpha \pm \beta$　　（複号同順）

(3)　$\displaystyle\lim_{x \to a} f(x)g(x) = \alpha\beta$

(4)　$\displaystyle\lim_{x \to a} \frac{f(x)}{g(x)} = \frac{\alpha}{\beta}$　　（ただし $\beta \neq 0$）

【例題 0.5】 次の極限値を求めよ．

(1)　$\displaystyle\lim_{x \to 2} (x^2 - 3x)$

(2)　$\displaystyle\lim_{x \to -1} (x^2 + 1)(x - 2)$

$$(3) \quad \lim_{x \to -1} \frac{x-3}{x^2+2}$$

[解答]

(1) $\displaystyle \lim_{x \to 2}(x^2 - 3x) = \lim_{x \to 2} x^2 - \lim_{x \to 2} 3x = 2^2 - 3 \cdot 2 = \underline{-2}$

(2) $\displaystyle \lim_{x \to -1}(x^2+1)(x-2) = \lim_{x \to -1}(x^2+1) \cdot \lim_{x \to -1}(x-2) = 2 \cdot (-3) = \underline{-6}$

(3) $\displaystyle \lim_{x \to -1} \frac{x-3}{x^2+2} = \frac{\lim_{x \to -1}(x-3)}{\lim_{x \to -1}(x^2+2)} = \frac{-1-3}{(-1)^2+2} = \underline{-\frac{4}{3}}$

関数の極限値は常に存在するとは限らない．例えば，下図から分かるように
$$\lim_{x \to 0} \frac{1}{x}, \quad \lim_{x \to 0} \frac{1}{x^2}$$
は存在しない．

$y = \dfrac{1}{x}$ のグラフ　　　　　　　　　　$y = \dfrac{1}{x^2}$ のグラフ

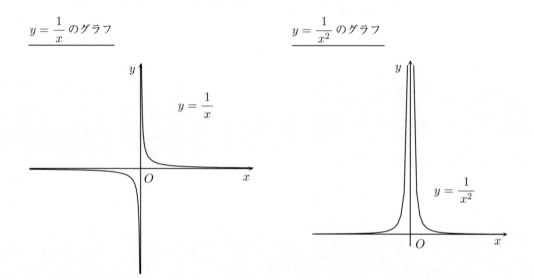

　変数 x の値が正で限りなく大きくなるとき，**正の無限大になる**といい，
$$x \to \infty \quad \text{または} \quad x \to +\infty$$
で表す．また，変数 x の値が負でその絶対値が限りなく大きくなるとき，**負の無限大になる**といい，
$$x \to -\infty$$
で表す．

　$x \to \infty$（または $x \to -\infty$）のとき，関数 $f(x)$ の値が一定の値 b に限りなく近づくならば，「x が正の無限大（または負の無限大）になるとき，関数 $f(x)$ には極限値が存在し，その値は b である」といい，
$$\lim_{x \to \infty} f(x) = b \quad \left(\text{または} \lim_{x \to -\infty} f(x) = b\right)$$

と表す.

一般に $y = \dfrac{1}{x^n}$ （n：自然数）のグラフは下図のようになることが分かっており,

$$\lim_{x \to \pm\infty} \frac{1}{x^n} = 0$$

となる.

$\underline{y = \dfrac{1}{x^n}\text{ のグラフ}}$

nが奇数の場合： nが偶数の場合：

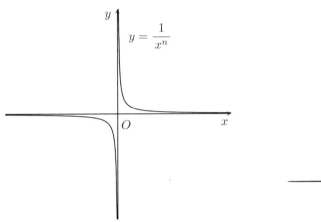
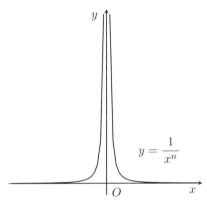

【例題 0.6】次の極限値を求めよ.

(1) $\displaystyle\lim_{x \to \infty} \frac{1}{x^2 + 3}$

(2) $\displaystyle\lim_{x \to \infty} \frac{2x^2 - x - 3}{x^2 + 2x + 2}$

［解答］

(1) $\displaystyle\lim_{x \to \infty} \frac{1}{x^2 + 3} = \underline{0}$

(2) $\displaystyle\lim_{x \to \infty} \frac{2x^2 - x - 3}{x^2 + 2x + 2} = \lim_{x \to \infty} \frac{(2x^2 - x - 3) \cdot \dfrac{1}{x^2}}{(x^2 + 2x + 2) \cdot \dfrac{1}{x^2}}$

$$= \lim_{x \to \infty} \frac{2 - \dfrac{1}{x} - \dfrac{3}{x^2}}{1 + \dfrac{2}{x} + \dfrac{2}{x^2}}$$

$$= \underline{2}$$

■ 無限大の極限

　上述したように，極限は常に存在するとは限らない．特に，x が a に近づくとき，関数 $f(x)$ の値が正で限りなく大きくなるならば，$f(x)$ は**正の無限大に発散する**といい，

$$\lim_{x \to a} f(x) = \infty$$

と表す．また，x が a に近づくとき，関数 $f(x)$ の値が負で限りなく小さくなるならば，$f(x)$ は**負の無限大に発散する**といい，

$$\lim_{x \to a} f(x) = -\infty$$

と表す．

　一般に $y = \dfrac{1}{x^{2n}}$（n：自然数）のグラフは右図のようになることが分かっており，

$$\lim_{x \to 0} \frac{1}{x^{2n}} = \infty$$

となる．

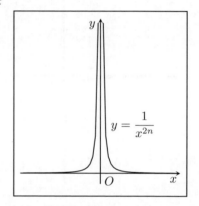

【例題 0.7】 次の極限値を求めよ．

(1) $\displaystyle \lim_{x \to 3} \frac{1}{(x-3)^2}$

(2) $\displaystyle \lim_{x \to \infty} \frac{2x^2 - 3}{x + 1}$

［解答］

(1) $\displaystyle \lim_{x \to 3} \frac{1}{(x-3)^2} = \underline{\infty}$

(2) $\displaystyle \lim_{x \to \infty} \frac{2x^2 - 3}{x + 1} = \lim_{x \to \infty} \frac{(2x^2 - 3) \cdot \dfrac{1}{x}}{(x+1) \cdot \dfrac{1}{x}}$

$\displaystyle \qquad\qquad\qquad = \lim_{x \to \infty} \frac{2x - \dfrac{3}{x}}{1 + \dfrac{1}{x}}$

$\displaystyle \qquad\qquad\qquad = \underline{\infty}$

【問 0.6】次の極限値を求めよ.

(1) $\displaystyle\lim_{x\to 1}\frac{x+3}{x-3}$

(2) $\displaystyle\lim_{x\to 2}\frac{x^2-4}{x-2}$

(3) $\displaystyle\lim_{x\to -3}\frac{x^2+x-6}{x^2+5x+6}$

(4) $\displaystyle\lim_{x\to \infty}\frac{x^2+3x+6}{2x^2-x+1}$

(5) $\displaystyle\lim_{x\to -\infty}\frac{x-5}{3x^2+2x+4}$

(6) $\displaystyle\lim_{x\to -3}\frac{5}{x^2+6x+9}$

■ 片側極限値

関数 $f(x)$ において, 変数 x が a より小さい値から a に近づくことを $x\to a-0$, a より大きい値から a に近づくことを $x\to a+0$ と書き, それぞれの極限値が $\alpha,\ \beta$ であるとき

$$\lim_{x\to a-0}f(x)=\alpha,\qquad \lim_{x\to a+0}f(x)=\beta$$

と表す. これをそれぞれ, $x=a$ における $f(x)$ の左側極限値, 右側極限値という. この 2 つの極限値が一致するとき, つまり

$$\lim_{x\to a-0}f(x)=\lim_{x\to a+0}f(x)$$

であるならば $\displaystyle\lim_{x\to a}f(x)$ が存在することになる.

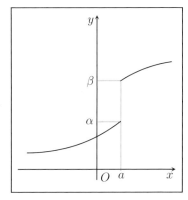

(**注意**：このことを厳密に述べるためには $\varepsilon\text{-}\delta$ 論法による極限の定義が必要になるため, 本書ではこの証明を省略する.)

特に $a=0$ のとき簡単に $x\to -0,\ x\to +0$ と表す.

例：$f(x)=\dfrac{|x|}{x}$ の $x=0$ における片側極限値

$|x|=\begin{cases} x, & x\geq 0 \\ -x, & x<0 \end{cases}$　であるので,

$$\lim_{x\to -0}f(x)=\lim_{x\to -0}\frac{|x|}{x}=\lim_{x\to -0}\frac{-x}{x}=\underline{-1}$$

$$\lim_{x\to +0}f(x)=\lim_{x\to +0}\frac{|x|}{x}=\lim_{x\to +0}\frac{x}{x}=\underline{1}$$

（$x=0$ での極限を考えるときは $x\neq 0$ であることに注意）

補足：この例では $\displaystyle\lim_{x\to -0}f(x)\neq\lim_{x\to +0}f(x)$ であるので $\displaystyle\lim_{x\to 0}f(x)$ は存在しない.

【例題 0.8】次の極限値を求めよ.

(1) $\displaystyle\lim_{x\to 3-0}\frac{(x-3)(x+2)}{|x-3|}$

(2) $\displaystyle\lim_{x\to 2-0}[x]$　　（[ ] はガウス記号）

［解答］

(1) $x \to 3-0$ より，$x < 3$ であるので $x-3 < 0$ となるから $|x-3| = -(x-3)$. よって，

$$\lim_{x \to 3-0} \frac{(x-3)(x+2)}{|x-3|} = \lim_{x \to 3-0} \frac{(x-3)(x+2)}{-(x-3)}$$
$$= \lim_{x \to 3-0} \{-(x+2)\}$$
$$= \underline{-5}$$

(2) （ガウス記号：実数 a に対し $n \le a < n+1$ を満たす整数 n を記号 $[a]$ で表す）

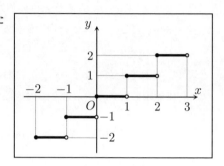

$y = [x]$ のグラフを描くと右図のようになる.
右図から分かるように

$$\lim_{x \to 2-0} [x] = \underline{1}$$

【問 0.7】次の片側極限値を求めよ.

(1) $\displaystyle \lim_{x \to -0} \frac{|x|(x-2)}{x}$

(2) $\displaystyle \lim_{x \to -2-0} \frac{[x]}{x}$

0.4. 関数の連続性

■ 連続関数

関数 $f(x)$ が以下の3つの条件を満たすとき，$f(x)$ は $x = a$ で**連続**であるという.

(1) $f(x)$ は $x = a$ とその近くで定義されている.
(2) $\displaystyle \lim_{x \to a} f(x)$ が存在する.
(3) $\displaystyle \lim_{x \to a} f(x) = f(a)$

関数 $f(x)$ が開区間 (a, b) のすべての点で連続であるとき，$f(x)$ は開区間 (a, b) で連続であるという. また，閉区間 $[a, b]$ で定義された関数 $f(x)$ が開区間 (a, b) で連続であり，かつ

$$\lim_{x \to a+0} f(x) = f(a), \quad \lim_{x \to b-0} f(x) = f(b)$$

であるとき，$f(x)$ は閉区間 $[a, b]$ で連続であるという．

　関数 $f(x)$ が $x = a$ で連続であるための必要十分条件は，$x = a$ における右側極限値と左側極限値がともに $f(a)$ になること，すなわち

$$\lim_{x \to a-0} f(x) = \lim_{x \to a+0} f(x) = f(a)$$

である（下図参照）．

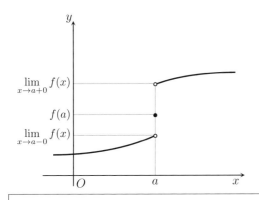

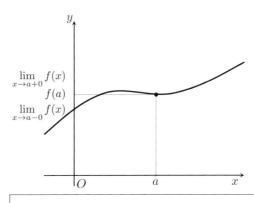

$x = a$ で連続でない
⇔ 右側極限値と左側極限値が $f(a)$ に不一致

$x = a$ で連続である
⇔ 右側極限値と左側極限値が $f(a)$ に一致

【例題 0.9】 次の関数 $f(x)$ の $x = 0$ における連続性を調べよ.

$$f(x) = \begin{cases} [x], & x > 0 \\ 1, & x = 0 \\ |x|, & x < 0 \end{cases}$$

［解答］

$\lim\limits_{x \to -0} f(x), \lim\limits_{x \to +0} f(x), f(0)$ を求め, それらが一致するかどうか調べる.
それぞれを計算すると,

$$\lim_{x \to -0} f(x) = \lim_{x \to -0} |x| = \lim_{x \to -0} (-x) = 0$$
$$\lim_{x \to +0} f(x) = \lim_{x \to +0} [x] = 0$$
$$f(0) = 1$$

であり, $\lim\limits_{x \to -0} f(x) = \lim\limits_{x \to +0} f(x)$ であるので, $\lim\limits_{x \to 0} f(x) = 0$ である.

しかし, $\lim\limits_{x \to 0} f(x) \neq f(0)$ であるので, 関数 $f(x)$ は $x = 0$ において連続ではない.

【問 0.8】 次の関数 $f(x)$ の $x = 0$ における連続性を調べよ.

(1) $f(x) = \begin{cases} x, & x > 0 \\ \dfrac{1}{2}, & x = 0 \\ x + 1, & x < 0 \end{cases}$ (2) $f(x) = 3x - [x]$

■ 中間値の定理

$f(x)$ を有界閉区間 $[a, b]$ で定義された連続関数とし, $f(a) \neq f(b)$ とする.
このとき, $f(a)$ と $f(b)$ の間の任意の値 μ に対し,

$$f(c) = \mu \quad (a < c < b)$$

を満たす c が存在する.

この定理は右図をみれば容易に理解できるであろう. また, 連続関数でなければ定理が成り立たないことも同時に理解できるであろう. 実はこの定理は関数の連続性とともに, 実数の連続性とも深く係わっている定理である. 実数の連続性を論理的に扱おうとすると易しくはなく, 中間値の定理の証明には実数の連続性の取り扱いが不可欠であるのでここでは述べないこととする (興味がある人は参考文献 [1], [10] 参照).

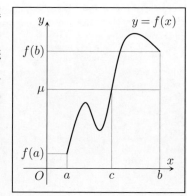

#1. 微分係数・導関数

1.1. 微分係数

■ 平均変化率

関数 $y = f(x)$ はある区間で連続であるとする. その区間内で, x が a から $a + h$ まで変化するとき, y は $f(a)$ から $f(a+h)$ まで変化する. ここで x の値の変化 $\Delta x = h$ を x の**増分**, y の値の変化 $\Delta y = f(a+h) - f(a)$ を y の増分という. また, x の増分に対する y の増分の比, すなわち

$$\frac{\Delta y}{\Delta x} = \frac{f(a+h) - f(a)}{h}$$

を, x が a から $a+h$ まで変化するときの**平均変化率**という $\left(\dfrac{\Delta y}{\Delta x}$ は図における直線 T の傾き $\right)$.

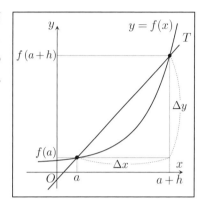

ここで, h を限りなく 0 に近づけたとき, 平均変化率 $\dfrac{\Delta y}{\Delta x}$ がある決まった値に限りなく近づくならば, すなわち極限

$$\lim_{h \to 0} \frac{f(a+h) - f(a)}{h}$$

が存在するならば, $f(x)$ は $x = a$ で**微分可能**であるといい, その極限値を記号 $f'(a)$ で表す. このとき, $f'(a)$ を $f(x)$ の $x = a$ における**微分係数**という. また, 上記の極限は

$$\lim_{x \to a} \frac{f(x) - f(a)}{x - a}$$

と表すこともできる.

$f'(a)$ の幾何学的意味は上の図からも明らかであるが, $h \to 0$ とすると 2 点 $(a, f(a))$, $(a+h, f(a+h))$ が限りなく近づくので, 直線 T は点 $(a, f(a))$ における接線となる. この接線の方程式は

$$y - f(a) = f'(a)(x - a)$$

によって与えられる.

【例題 1.1】 次の問に答えよ.

(1)　次の関数 $f(x)$ は, $x = 0$ で微分可能かどうか調べよ.
$$f(x) = |x|$$

(2)　次の関数 $f(x)$ について, $x = 2$ における微分係数 $f'(2)$ を求めよ.
$$f(x) = x^3$$

［解答］

$$x = a \text{ で微分可能} \Leftrightarrow \lim_{h \to 0} \frac{f(a+h) - f(a)}{h} \text{ が存在}$$

$$\Leftrightarrow \lim_{h \to +0} \frac{f(a+h) - f(a)}{h} = \lim_{h \to -0} \frac{f(a+h) - f(a)}{h}$$

であることに注意する.

(1)　$\displaystyle \lim_{h \to 0} \frac{f(0+h) - f(0)}{h}$　が存在するかどうか調べればよい.

$$\lim_{h \to +0} \frac{f(0+h) - f(0)}{h} = \lim_{h \to +0} \frac{|0+h| - |0|}{h} = \lim_{h \to +0} \frac{|h|}{h} = \lim_{h \to +0} \frac{h}{h} = 1$$

$$\lim_{h \to -0} \frac{f(0+h) - f(0)}{h} = \lim_{h \to -0} \frac{|0+h| - |0|}{h} = \lim_{h \to -0} \frac{|h|}{h} = \lim_{h \to -0} \frac{-h}{h} = -1$$

より,　$\displaystyle \lim_{h \to +0} \frac{f(0+h) - f(0)}{h} \neq \lim_{h \to -0} \frac{f(0+h) - f(0)}{h}$ であるので,

$\displaystyle \lim_{h \to 0} \frac{f(0+h) - f(0)}{h}$ は存在しない.　よって, $f(x)$ は $x = 0$ で微分可能ではない.

(2)
$$\begin{aligned}
\lim_{h \to 0} \frac{f(2+h) - f(2)}{h} &= \lim_{h \to 0} \frac{(2+h)^3 - (2)^3}{h} \\
&= \lim_{h \to 0} \frac{8 + 12h + 6h^2 + h^3 - 8}{h} \\
&= \lim_{h \to 0} \frac{12h + 6h^2 + h^3}{h} \\
&= \lim_{h \to 0} \frac{h(12 + 6h + h^2)}{h} \\
&= \lim_{h \to 0} (12 + 6h + h^2) \\
&= 12
\end{aligned}$$

よって,　$\underline{f'(2) = 12}$.

【問 1.1】次の問に答えよ.

(1)　次の関数 $f(x)$ は, $x = 0$ で微分可能かどうか調べよ.

$$f(x) = |x|\,(x - 2)$$

(2)　次の関数 $f(x)$ について, $x = -1$ における微分係数 $f'(-1)$ を求めよ.

$$f(x) = x(x - 1)$$

1.2. 導関数

　関数 $f(x)$ がある定義域内で微分可能であるとする. このとき, 定義域内の点 $x = a$ における微分係数 $f'(a)$ は,

$$f'(a) = \lim_{h \to 0} \frac{f(a+h) - f(a)}{h}$$

であった．いま，a の値を定義域内の別の点 $a_1, a_2, a_3, \cdots$ に置き換えて微分係数を求めると，それぞれ $f'(a_1), f'(a_2), f'(a_3), \cdots$ となる．つまり，a を変数とみれば，微分係数 $f'(a)$ は a の関数になる．ここで，a を x で置き換えた関数 $f'(x)$ を $f(x)$ の**導関数**といい，下のように定義する．

$$f'(x) = \lim_{h \to 0} \frac{f(x+h) - f(x)}{h}$$

関数 $y = f(x)$ の導関数を

$$y', \quad f', \quad f'(x), \quad \frac{dy}{dx}, \quad \frac{df}{dx}, \quad \frac{d}{dx}f(x)$$

などの記号で表す．

関数 $f(x)$ の導関数 $f'(x)$ を求めることを，「関数 $f(x)$ を x で**微分する**」あるいは単に「微分する」という．

■ 微分公式

---

(1)　$(x^n)' = nx^{n-1}$　　（n は自然数）

(2)　$(k)' = 0$　　（k は定数）

（**注意**：(2) のような関数 $f(x) = k$ は x の値に関わらず常に同じ値をとる．このような関数を定数関数という．）

［証明］

(1)　$(x^n)' = \displaystyle\lim_{h \to 0} \frac{(x+h)^n - x^n}{h}$

　　二項定理より，

$$= \lim_{h \to 0} \frac{1}{h}\left\{ x^n + nx^{n-1}h + \frac{n(n-1)}{2}x^{n-2}h^2 + \cdots + h^n - x^n \right\}$$
$$= \lim_{h \to 0} \frac{1}{h}\left\{ nx^{n-1}h + \frac{n(n-1)}{2}x^{n-2}h^2 + \cdots + h^n \right\}$$
$$= \lim_{h \to 0} \left\{ nx^{n-1} + \frac{n(n-1)}{2}x^{n-2}h + \cdots + h^{n-1} \right\}$$
$$= nx^{n-1} \quad ■$$

　　（**注意**：この公式は自然数以外の実数 n についても成り立つ．）

(2)　$(k)' = \displaystyle\lim_{h \to 0} \frac{k - k}{h}$
　　　　$= 0 \quad ■$

■ 和・差・定数倍の導関数

> 関数 $f(x),\, g(x)$ は微分可能であるとする.
>
> (1)　$\{f(x) \pm g(x)\}' = f'(x) \pm g'(x)$　　（複号同順）
>
> (2)　$\{kf(x)\}' = kf'(x)$　　（k は定数）

［証明］

(1)　$\begin{aligned}
\{f(x) \pm g(x)\}' &= \lim_{h \to 0} \frac{\{f(x+h) \pm g(x+h)\} - \{f(x) \pm g(x)\}}{h} \\
&= \lim_{h \to 0} \frac{\{f(x+h) - f(x)\} \pm \{g(x+h) - g(x)\}}{h} \\
&= \lim_{h \to 0} \frac{f(x+h) - f(x)}{h} \pm \lim_{h \to 0} \frac{g(x+h) - g(x)}{h} \\
&= f'(x) \pm g'(x) \quad （複号同順）\quad ■
\end{aligned}$

(2)　$\begin{aligned}
\{kf(x)\}' &= \lim_{h \to 0} \frac{kf(x+h) - kf(x)}{h} \\
&= k \lim_{h \to 0} \frac{f(x+h) - f(x)}{h} \\
&= kf'(x) \quad ■
\end{aligned}$

> **【例題 1.2】** 次の関数を微分せよ.
>
> (1)　$f(x) = x^3 - 2x^2 + 3x + 5$　　　　(2)　$f(x) = (x+3)(x^2+5)$

［解答］

(1)　$\begin{aligned}
f'(x) &= (x^3 - 2x^2 + 3x + 5)' \\
&= (x^3)' - 2(x^2)' + 3(x)' + (5)' \\
&= (3x^2) - 2(2x) + 3(1) + (0) \\
&= \underline{3x^2 - 4x + 3}
\end{aligned}$

(2)　$\begin{aligned}
f'(x) &= \{(x+3)(x^2+5)\}' \\
&= (x^3 + 3x^2 + 5x + 15)' \\
&= (x^3)' + 3(x^2)' + 5(x)' + (15)' \\
&= (3x^2) + 3(2x) + 5(1) + (0) \\
&= \underline{3x^2 + 6x + 5}
\end{aligned}$

【問 1.2】 次の関数を微分せよ.

(1)　$f(x) = 2x^3 + 3x^2 - 4x + 2$　　　　(2)　$f(x) = x(x+2)(x^2-1)$

1.3. 指数関数・対数関数の導関数

　ここでは指数・対数関数の導関数について説明するが, そのためにいくつか準備をしておく. e はネピアの数であり, e を底とした対数を表記するときは e を省略することができる ($\log_e a = \log a$).

【補助定理 1.1】
$$\lim_{x \to -\infty} \left(1 + \frac{1}{x}\right)^x = e$$

［証明］$x = -t$ とおくと

$$\begin{aligned}
\lim_{x \to -\infty} \left(1 + \frac{1}{x}\right)^x &= \lim_{t \to \infty} \left(1 - \frac{1}{t}\right)^{-t} \\
&= \lim_{t \to \infty} \left(\frac{t-1}{t}\right)^{-t} \\
&= \lim_{t \to \infty} \left(\frac{t}{t-1}\right)^t \\
&= \lim_{t \to \infty} \left(\frac{t-1+1}{t-1}\right)^t \\
&= \lim_{t \to \infty} \left(1 + \frac{1}{t-1}\right)^{t-1} \left(1 + \frac{1}{t-1}\right) \\
&= e \quad \blacksquare
\end{aligned}$$

【補助定理 1.2】
$$\lim_{x \to 0} (1+x)^{\frac{1}{x}} = e$$

［証明］$x = \frac{1}{t}$ とおくと $x \to 0 \Leftrightarrow |t| \to \infty$ である. e の定義と補助定理 1.1 から

$$\begin{aligned}
\lim_{x \to 0} (1+x)^{\frac{1}{x}} &= \lim_{|t| \to \infty} \left(1 + \frac{1}{t}\right)^t \\
&= e \quad \blacksquare
\end{aligned}$$

【補助定理 1.3】
$$\lim_{h \to 0} \frac{e^h - 1}{h} = 1$$

［証明］$t = e^h - 1$ とおくと $e^h = 1 + t$ であるから $h = \log(1+t)$. さらに $h \to 0 \Leftrightarrow t \to 0$ である. 補助定理 1.2 を用いると

$$\lim_{h \to 0} \frac{e^h - 1}{h} = \lim_{t \to 0} \frac{t}{\log(1+t)}$$

$$= \lim_{t \to 0} \frac{1}{\frac{1}{t}\log(1+t)}$$

$$= \lim_{t \to 0} \frac{1}{\log(1+t)^{\frac{1}{t}}}$$

$$= \frac{1}{\log e}$$

$$= 1 \quad \blacksquare$$

以上の補助定理を用いて指数関数の導関数について下記の結果が得られる.

---

(1) $(e^x)' = e^x$ (2) $(a^x)' = a^x \log a$

［証明］最初の結果は補助定理 1.3 から導かれる.

$$(e^x)' = \lim_{h \to 0} \frac{e^{x+h} - e^x}{h}$$

$$= e^x \lim_{h \to 0} \frac{e^h - 1}{h}$$

$$= e^x \quad \blacksquare$$

次に

$$a^x = e^{\log a^x} = e^{x \log a}$$

であるから

$$(a^x)' = \lim_{h \to 0} \frac{a^{x+h} - a^x}{h}$$

$$= a^x \lim_{h \to 0} \frac{a^h - 1}{h}$$

$$= a^x \lim_{h \to 0} \frac{e^{h \log a} - 1}{h}$$

となる.$t = h \log a$ とおけば $t \to 0 \Leftrightarrow h \to 0$.   従って補助定理 1.3 から

$$(a^x)' = a^x \lim_{t \to 0} \frac{e^t - 1}{\frac{t}{\log a}}$$

$$= a^x \log a \lim_{t \to 0} \frac{e^t - 1}{t}$$

$$= a^x \log a \quad \blacksquare$$

続いて対数関数の導関数について下記の結果が得られる.

---

(1) $(\log|x|)' = \dfrac{1}{x}$ (2) $(\log_a|x|)' = \dfrac{1}{x \log a}$

［証明］まず (1) を示す.

$$\begin{aligned}
(\log|x|)' &= \lim_{h \to 0} \frac{\log|x+h| - \log|x|}{h} \\
&= \lim_{h \to 0} \frac{1}{h} \log \left| \frac{x+h}{x} \right| \\
&= \lim_{h \to 0} \log \left| 1 + \frac{h}{x} \right|^{\frac{1}{h}} \\
&= \lim_{h \to 0} \log \left(1 + \frac{h}{x} \right)^{\frac{1}{h}}
\end{aligned}$$

ここで $t = \frac{h}{x}$ とおくと $t \to 0 \Leftrightarrow h \to 0$. よって

$$\begin{aligned}
(\log|x|)' &= \lim_{t \to 0} \log (1+t)^{\frac{1}{tx}} \\
&= \lim_{t \to 0} \log \left((1+t)^{\frac{1}{t}} \right)^{\frac{1}{x}} \\
&= \lim_{t \to 0} \frac{1}{x} \log (1+t)^{\frac{1}{t}}
\end{aligned}$$

補助定理 1.2 を用いることで

$$\begin{aligned}
(\log|x|)' &= \frac{1}{x} \log e \\
&= \frac{1}{x} \quad \blacksquare
\end{aligned}$$

(2) は底の変換公式を用いればよい.

$$\begin{aligned}
(\log_a x)' &= \left(\frac{\log x}{\log a} \right)' \\
&= \frac{1}{\log a} (\log x)' \\
&= \frac{1}{x \log a} \quad \blacksquare
\end{aligned}$$

【例題 1.3】 次の関数を微分せよ.

(1) 　$f(x) = \log 2|x|$ 　　　　　　　(2) 　$f(x) = 2e^x$

［解答］

(1) 　$\begin{aligned}[t]
f'(x) &= (\log 2|x|)' \\
&= (\log 2 + \log|x|)' \\
&= (\log 2)' + (\log|x|)' \\
&= \underline{\frac{1}{x}}
\end{aligned}$

(2) 　$\begin{aligned}[t]
f'(x) &= (2e^x)' \\
&= 2(e^x)' \\
&= \underline{2e^x}
\end{aligned}$

【**問 1.3**】次の関数を微分せよ.

(1) $\quad f(x) = 3e^x + 4\log 3|x|$

#2. 微分公式

2.1. 積・商・合成関数の導関数

■ 積・商の導関数

関数 $f(x)$, $g(x)$ は微分可能かつ連続であるとする.

(1)$\{f(x)g(x)\}' = f'(x)g(x) + f(x)g'(x)$

(2)$\left\{\dfrac{1}{g(x)}\right\}' = -\dfrac{g'(x)}{g(x)^2}$ $(g(x) \neq 0)$

(3)$\left\{\dfrac{f(x)}{g(x)}\right\}' = \dfrac{f'(x)g(x) - f(x)g'(x)}{g(x)^2}$ $(g(x) \neq 0)$

［証明］まず (1) を示す.

$$
\begin{aligned}
\{f(x)g(x)\}' &= \lim_{h \to 0} \frac{f(x+h)g(x+h) - f(x)g(x)}{h} \\
&= \lim_{h \to 0} \frac{f(x+h)g(x+h) - f(x)g(x+h) + f(x)g(x+h) - f(x)g(x)}{h} \\
&= \lim_{h \to 0} \frac{\{f(x+h) - f(x)\}\, g(x+h) + f(x)\, \{g(x+h) - g(x)\}}{h} \\
&= \lim_{h \to 0} \frac{\{f(x+h) - f(x)\}}{h} g(x+h) + \lim_{h \to 0} f(x)\frac{\{g(x+h) - g(x)\}}{h} \\
&= f'(x)g(x) + f(x)g'(x) \quad \blacksquare
\end{aligned}
$$

続いて (2) を示す.

$$
\begin{aligned}
\left\{\frac{1}{g(x)}\right\}' &= \lim_{h \to 0} \frac{\dfrac{1}{g(x+h)} - \dfrac{1}{g(x)}}{h} \\
&= \lim_{h \to 0} \frac{1}{h}\left(\frac{g(x) - g(x+h)}{g(x+h)g(x)}\right) \\
&= \lim_{h \to 0} -\frac{g(x+h) - g(x)}{h}\frac{1}{g(x+h)g(x)} \\
&= -\frac{g'(x)}{g(x)^2} \quad \blacksquare
\end{aligned}
$$

最後に (3) を示すが, まず (1) を用いて, その後 (2) を用いることで示す.

$$
\begin{aligned}
\left\{\frac{f(x)}{g(x)}\right\}' &= \left\{f(x) \times \frac{1}{g(x)}\right\}' \\
&= f'(x)\frac{1}{g(x)} + f(x)\left\{\frac{1}{g(x)}\right\}' \\
&= \frac{f'(x)}{g(x)} - \frac{f(x)g'(x)}{g(x)^2} \\
&= \frac{f'(x)g(x) - f(x)g'(x)}{g(x)^2} \quad \blacksquare
\end{aligned}
$$

■ 合成関数の導関数

関数 $f(x), g(x)$ が微分可能で $X = f(x)$ とする時, $g(f(x)) = g(X)$ も微分可能で
$$g(f(x))' = g'(X) \cdot X'.$$
つまり
$$\frac{d}{dx} g(f(x)) = \frac{dg(X)}{dX} \cdot \frac{dX}{dx}.$$

[証明*]

$$\frac{d}{dx} g(f(x)) = \lim_{h \to 0} \frac{g(f(x+h)) - g(f(x))}{h}$$
$$= \lim_{h \to 0} \frac{g(f(x+h)) - g(f(x))}{f(x+h) - f(x)} \frac{f(x+h) - f(x)}{h}$$

ここで $k = f(x+h) - f(x)$ とすると $f(x+h) = f(x) + k$ かつ $h \to 0$ の時 $k \to 0$. よって

$$\frac{d}{dx} g(f(x)) = \lim_{k \to 0} \frac{g(f(x)+k) - g(f(x))}{k} \lim_{h \to 0} \frac{f(x+h) - f(x)}{h}$$
$$= \lim_{k \to 0} \frac{g(X+k) - g(X)}{k} f'(x)$$
$$= g'(X) \cdot f'(x) \blacksquare$$

(*注意) 実はこの証明は不十分である. 式2行目の分母「$f(x+h) - f(x)$」は0になるかもしれないので, 本来ならば割り算を用いない方法で示すべきである. 興味のある人は自分で調べてみること. 上の証明は大筋の所は合っているため, これ以上言及しないことにする.

【例題 2.2】 次の関数を微分せよ.

(1)　　$f(x) = (x^2 + 3x)^{20}$

(2)　　$f(x) = \left(\dfrac{x^2 - 2}{x + 3} \right)^{10}$

[解答]

(1)　　**合成関数の導関数**の公式を用いるため, $X = x^2 + 3x$ と置くと

$$f'(x) = \left(X^{20} \right)'$$
$$= 20 X^{19} \cdot X'$$
$$= 20(x^2 + 3x)^{19} (x^2 + 3x)'$$
$$= \underline{20(x^2 + 3x)^{19}(2x + 3)}$$

別解) 合成関数の計算に慣れてくると上のように置き換えることはせず, 頭の中で X を想像しな
がら計算する. それにより計算が早く済むというメリットがある.

$$
\begin{aligned}
f'(x) &= \left\{(x^2 + 3x)^{20}\right\}' \\
&= 20(x^2 + 3x)^{19} \cdot (x^2 + 3x)' \\
&= \underline{20(x^2 + 3x)^{19}(2x + 3)}
\end{aligned}
$$

■ 合成関数の導関数

関数 $y = f(x)$ が x で微分可能かつ連続, $z = g(y)$ が $y (= f(x))$ で微分可能であるならば, 合成関数 $z = g(f(x))$ も x で微分可能かつ連続でその導関数は以下の式で与えられる.

$$\frac{dz}{dx} = \frac{dz}{dy} \cdot \frac{dy}{dx}$$

［証明*］

導関数の定義より,

$$\frac{dz}{dx} = \{g(f(x))\}'$$

$$= \lim_{h \to 0} \frac{g(f(x+h)) - g(f(x))}{h}$$

$$= \lim_{h \to 0} \frac{g(f(x+h)) - g(f(x))}{f(x+h) - f(x)} \cdot \frac{f(x+h) - f(x)}{h}$$

ここで, $\Delta y = f(x+h) - f(x)$ と置くと, $f(x) = y$, $f(x+h) = y + \Delta y$ であるので

$$= \lim_{h \to 0} \frac{g(y + \Delta y) - g(y)}{\Delta y} \cdot \frac{f(x+h) - f(x)}{h}$$

また, $h \to 0$, $f(x)$ が連続であるので $\Delta y \to 0$ であり, $f(x)$ が微分可能であるので,

$$= \lim_{\Delta y \to 0} \frac{g(y + \Delta y) - g(y)}{\Delta y} \lim_{h \to 0} \frac{f(x+h) - f(x)}{h}$$

$$= \frac{dz}{dy} \cdot \frac{dy}{dx} \quad \blacksquare$$

(*注意) 実はこの証明は不十分である. 式3行目の分母「$f(x+h) - f(x)$」は0になるかもしれないので, 本来ならば割り算を用いない方法で示すべきである. 興味のある人は自分で調べてみること. ここでは, 上の証明は証明の大筋をよく表しているので, 上の証明で満足することにする.

【例題 2.2】 次の関数を微分せよ.

(1)　$f(x) = (x^2 + 3x)^{20}$　　　　　(2)　$f(x) = \left(\dfrac{x^2 - 2}{x + 3}\right)^{10}$

［解答］

(1)　**合成関数の導関数**の公式を用いるため,

$$\begin{cases} f(x) & = & y^{20} \\ y & = & x^2 + 3x \end{cases}$$

と置く.

$$f'(x) = \frac{df}{dy} \cdot \frac{dy}{dx}$$

$$= \frac{d}{dy}(y^{20}) \cdot \frac{d}{dx}(x^2 + 3x)$$

$$= 20y^{19}(2x + 3)$$

$$= \underline{20(x^2 + 3x)^{19}(2x + 3)}$$

別解) 上のように置き換えて計算するのは煩わしいので, 普通は下のようにまとめて計算する.

$$f'(x) = \left\{(x^2 + 3x)^{20}\right\}'$$

$$= 20(x^2 + 3x)^{19} \cdot (x^2 + 3x)'$$

$$= \underline{20(x^2 + 3x)^{19}(2x + 3)}$$

合成関数の微分は, 合成関数は入れ子構造になっているので, 外側 "だけ" を微分したものに内側 "だけ" を微分したものを掛けるという計算手順で計算できる.

$$(2) \quad f'(x) = \left\{\left(\frac{x^2 - 2}{x + 3}\right)^{10}\right\}'$$

$$= 10\left(\frac{x^2 - 2}{x + 3}\right)^9 \left(\frac{x^2 - 2}{x + 3}\right)'$$

$$= 10\left(\frac{x^2 - 2}{x + 3}\right)^9 \cdot \frac{(x^2 - 2)'(x + 3) - (x^2 - 2)(x + 3)'}{(x + 3)^2}$$

$$= 10\left(\frac{x^2 - 2}{x + 3}\right)^9 \cdot \frac{2x(x + 3) - (x^2 - 2)}{(x + 3)^2}$$

$$= 10\left(\frac{x^2 - 2}{x + 3}\right)^9 \cdot \frac{(2x^2 + 6x) - (x^2 - 2)}{(x + 3)^2}$$

$$= 10\left(\frac{x^2 - 2}{x + 3}\right)^9 \cdot \frac{x^2 + 6x + 2}{(x + 3)^2}$$

$$= \underline{\frac{10(x^2 - 2)^9(x^2 + 6x + 2)}{(x + 3)^{11}}}$$

【問 2.2】 次の関数を微分せよ.

(1) $\quad f(x) = (x^2 - 1)^{10}$

(2) $\quad f(x) = (x^2 + 1)^5(x^3 - 2)^6$

(3) $\quad f(x) = \dfrac{x^2}{(3x^2 + 1)^2}$

(4) $\quad f(x) = \left(\dfrac{2x^2}{x + 1}\right)^8$

【例題 2.3】 次の関数を微分せよ.

(1)　　$f(x) = e^{x^2+2x}$　　　　　　　　　　　(2)　　$f(x) = \dfrac{e^x - 1}{e^x + 1}$

［解答］

(1)　$\left(e^{x^2+2x}\right)' = e^{x^2+2x} \cdot (x^2 + 2x)'$

$\qquad\qquad\quad = e^{x^2+2x}(2x + 2)$

$\qquad\qquad\quad = \underline{2(x+1)e^{x^2+2x}}$

(2)　$\left(\dfrac{e^x - 1}{e^x + 1}\right)' = \dfrac{(e^x - 1)'(e^x + 1) - (e^x - 1)(e^x + 1)'}{(e^x + 1)^2}$

$\qquad\qquad\quad = \dfrac{e^x(e^x + 1) - (e^x - 1)e^x}{(e^x + 1)^2}$

$\qquad\qquad\quad = \dfrac{e^x\{(e^x + 1) - (e^x - 1)\}}{(e^x + 1)^2}$

$\qquad\qquad\quad = \underline{\dfrac{2e^x}{(e^x + 1)^2}}$

【問 2.3】 次の関数を微分せよ.

(1)　$f(x) = e^{3x}$　　　　　　　　　　(2)　$f(x) = e^{4x^2}$

(3)　$f(x) = \dfrac{a^{2x}}{x + 2}$　　　　　　　　(4)　$f(x) = \dfrac{a^x - 1}{a^{-x} + 1}$

【例題 2.4】 次の関数を微分せよ.

(1)　　$f(x) = \log(x^2 - 3x)$　　　　　　(2)　　$f(x) = \log\left(\dfrac{3x - 1}{x + 2}\right)$

［解答］

(1)　$(\log(x^2 - 3x))' = \dfrac{1}{x^2 - 3x} \cdot (x^2 - 3x)'$

$\qquad\qquad\qquad = \dfrac{1}{x^2 - 3x} \cdot (2x - 3)$

$\qquad\qquad\qquad = \underline{\dfrac{2x - 3}{x^2 - 3x}}$

(2)　$\left(\log\left(\dfrac{3x - 1}{x + 2}\right)\right)' = (\log(3x - 1) - \log(x + 2))'$

$\qquad\qquad\qquad = \dfrac{3}{3x - 1} - \dfrac{1}{x + 2}$

$\qquad\qquad\qquad = \dfrac{3(x + 2) - (3x - 1)}{(3x - 1)(x + 2)}$

$\qquad\qquad\qquad = \underline{\dfrac{7}{(3x - 1)(x + 2)}}$

（別解）

$$
\begin{aligned}
\left(\log\left(\frac{3x-1}{x+2}\right)\right)' &= \frac{1}{\frac{3x-1}{x+2}} \cdot \left(\frac{3x-1}{x+2}\right)' \\
&= \frac{x+2}{3x-1}\left(\frac{(3x-1)'(x+2)-(3x-1)(x+2)'}{(x+2)^2}\right) \\
&= \frac{x+2}{3x-1}\left(\frac{3(x+2)-(3x-1)}{(x+2)^2}\right) \\
&= \frac{x+2}{3x-1}\left(\frac{7}{(x+2)^2}\right) \\
&= \underline{\frac{7}{(3x-1)(x+2)}}
\end{aligned}
$$

【**問 2.4**】 次の関数を微分せよ.

(1)　$f(x) = \log(x^3 + x)$

(2)　$f(x) = \log\left(\dfrac{x-2}{3x+2}\right)$

(3)　$f(x) = \log\left(x + \sqrt{x^2+1}\right)$

(4)　$f(x) = (\log x)^3$

2.2. 平均値の定理

■ ロール (Rolle) の定理

$f(x)$ が閉区間 $[a, b]$ で連続，開区間 (a, b) で微分可能で
$$f(a) = f(b) = \alpha$$
であるならば，
$$f'(c) = 0 \quad (a < c < b)$$
を満たす c が存在する.

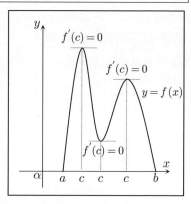

幾何学的にいえば，$y = f(x)$ のグラフを描いたとき，曲線 $y = f(x)$ 上で x 軸と平行な接線を引ける場所が必ずある，ということである．この定理は右図をみれば容易に理解できるであろう．（**注意**：c が存在する，という定理であるので右図のように c は複数存在することもある）

[証明]

● $f(x) = \alpha$ （定数関数） のとき

$f'(x) = 0$ であるので開区間 (a, b) 内の任意の c に対し，$f'(c) = 0$ である．よって定理は成り立つ.

● $f(x) \neq \alpha$ のとき

もし，$f(x)$ の値が α より大になるところがあれば，$f(x)$ はある点で最大値をとる*．$f(x)$ が $x = c$ で最大となるとすると，$a < c < b$ である．いま，$f(c)$ は最大値であるので，$a - c < h < b - c$ を満たす h に対し，
$$f(c + h) - f(c) \leq 0$$
である．ここで，$h > 0$ として $x = c$ での微分係数を考えると，
$$\lim_{h \to +0} \frac{f(c + h) - f(c)}{h} \leq 0 \tag{i}$$
$h < 0$ として $x = c$ での微分係数を考えると，
$$\lim_{h \to -0} \frac{f(c + h) - f(c)}{h} \geq 0 \tag{ii}$$
となる．$f(x)$ は $x = c$ で微分可能であるので，(i) 式と (ii) 式の左辺は一致し，
$$f'(c) = 0$$
となる．よって定理は成り立つ.

もし，$f(x)$ の値が α より小になるところがあれば，$f(x)$ はある点で最小値をとることから，上の場合と同様に示すことができる ■

(*注意) 最大値定理の証明は実は難しい．証明の流れは，$f(x)$ が閉区間 $[a, b]$ で上に有界であることを示し，その上限が最大値と一致することを示す．有界であることを示す際，ボルツァーノ＝

ワイエルシュトラスの定理 (Bolzano-Weierstrass theorem) が必要になるため，本書では最大値定理の証明を省略する．

■ 平均値の定理

$f(x)$ が閉区間 $[a, b]$ で連続，開区間 (a, b) で微分可能であるならば，

$$f'(c) = \frac{f(b) - f(a)}{b - a} \quad (a < c < b)$$

を満たす c が存在する．

幾何学的にいえば，$y = f(x)$ のグラフを描いたとき，その端点を結ぶ直線と平行な接線を引ける場所が曲線 $y = f(x)$ 上に必ずある，ということである．この定理は右図をみれば容易に理解できるであろう．（**注意**：c が存在する，という定理であるので右図のように c は複数存在することもある）

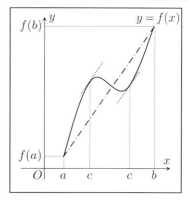

［証明］
2 点 $(a, f(a))$, $(b, f(b))$ を通る直線の方程式は

$$y = \frac{f(b) - f(a)}{b - a}(x - a) + f(a)$$

で与えられる．いま，$f(x)$ と上の直線との差を $F(x)$ とおくと

$$F(x) = f(x) - \left\{ \frac{f(b) - f(a)}{b - a}(x - a) + f(a) \right\}$$

となり，明らかに $F(a) = F(b) = 0$ であるのでロールの定理を適用すると，

$$F'(c) = 0 \quad (a < c < b)$$

を満たす c が存在する．
ここで，$F'(x)$ を計算すると，

$$F'(x) = f'(x) - \frac{f(b) - f(a)}{b - a}$$

となり，$F'(c) = 0$ であるので，

$$F'(c) = f'(c) - \frac{f(b) - f(a)}{b - a} = 0$$

よって，

$$f'(c) = \frac{f(b) - f(a)}{b - a}$$

となり，定理が成立する ■

平均値の定理は $b = a + h$, $c = a + \theta h$ とおくことにより以下の形でも表すことができる（ただし，$0 < \theta < 1$）．

$$\frac{f(a+h) - f(a)}{h} = f'(a + \theta h) \quad (0 < \theta < 1)$$

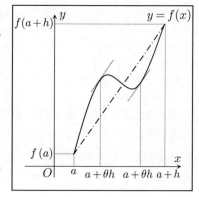

　$h > 0$ の場合，上の式は右図のようにイメージできる．閉区間 $[a, b]$ 内でグラフを描いたとき，その端点を結ぶ直線と平行な接線を引ける場所（今回は $x = a + \theta h$）が曲線 $y = f(x)$ 上に必ずある，ということである．

また，上式は

$$f(a+h) - f(a) = hf'(a + \theta h) \quad (0 < \theta < 1)$$

の形で用いられることもある．

（**注意**：θ が存在する，という定理であるので右図のように θ は複数存在することもある）

#3. グラフの概形

3.1. 高階導関数

　関数 $f(x)$ の導関数 $f'(x)$ は x の関数であるのでさらに $f'(x)$ の導関数を考えることができる．そこで，極限

$$f''(x) = \lim_{h \to 0} \frac{f'(x+h) - f'(x)}{h}$$

が存在するならば，$f(x)$ は 2 回微分可能であるといい，$f''(x)$ を $f(x)$ の **2 階導関数**という．

　さらに，$f''(x)$ が微分可能であるならば，$f(x)$ は 3 回微分可能であるといい，3 階導関数 $f'''(x)$

$$f'''(x) = \lim_{h \to 0} \frac{f''(x+h) - f''(x)}{h}$$

を定義することができる．

　一般に，$f(x)$ が **n 回微分可能**であるとき，

$$f^{(n)}(x) = \lim_{h \to 0} \frac{f^{(n-1)}(x+h) - f^{(n-1)}(x)}{h}$$

で得られる関数を $f(x)$ の **n 階導関数**という．

また，関数 $y = f(x)$ の n 階導関数を

$$y^{(n)}, \quad f^{(n)}, \quad f^{(n)}(x), \quad \frac{d^n y}{dx^n}, \quad \frac{d^n f}{dx^n}, \quad \frac{d^n}{dx^n} f(x)$$

などの記号で表す．2 階以上の導関数を総称して，**高階導関数**という．

（**注意**：上のように n が小さいときは $f^{(2)}(x)$ を $f''(x)$ で表すこともある）

【例題 3.1】 次の関数の 2 階までの導関数を求めよ．

(1)　$f(x) = \dfrac{1}{x^2 + 1}$ 　　　　　　　　(2)　$f(x) = (x^2 + 1)e^x$

［解答］

(1)　$\begin{aligned}
f'(x) &= \left(\frac{1}{x^2 + 1} \right)' \\
&= \left((x^2 + 1)^{-1} \right)' \\
&= -(x^2 + 1)^{-2} \cdot 2x \\
&= \frac{-2x}{(x^2 + 1)^2}
\end{aligned}$

$$f''(x) = \left(\frac{-2x}{(x^2+1)^2} \right)'$$

$$= -2 \left(\frac{x}{(x^2+1)^2} \right)'$$

$$= -2 \frac{(x)'(x^2+1)^2 - x\left\{(x^2+1)^2\right\}'}{(x^2+1)^4}$$

$$= -2 \frac{(x^2+1)^2 - x \cdot 2(x^2+1) \cdot 2x}{(x^2+1)^4}$$

$$= -2 \frac{(x^2+1)\left\{(x^2+1) - 4x^2\right\}}{(x^2+1)^4}$$

$$= \underline{\frac{2(3x^2-1)}{(x^2+1)^3}}$$

(2)　$f'(x) = 2xe^x + (x^2+1)e^x$

$$= (x^2+2x+1)e^x$$

$$= \underline{(x+1)^2 e^x}$$

$$f''(x) = 2(x+1)e^x + (x+1)^2 e^x$$

$$= \underline{(x+1)(x+3)e^x}$$

【**問 3.1**】次の関数の 2 階までの導関数を求めよ.

(1)　$f(x) = \sqrt{x^2+1}$　　　　　　　(2)　$f(x) = x^2 \log x$

(3)　$f(x) = e^{x^2}$　　　　　　　　　(4)　$f(x) = (\log x)^2$

3.2. 関数の増減と極値

■ 関数の増減

関数 $f(x)$ に対し，その定義域内の区間 I 内の任意の2点 x_1, x_2 について常に

$$x_1 < x_2 \Rightarrow f(x_1) < f(x_2)$$

であるとき，関数 $f(x)$ は区間 I で**単調増加**であるという．また，区間 I 内の任意の2点 x_1, x_2 について常に

$$x_1 < x_2 \Rightarrow f(x_1) > f(x_2)$$

であるとき，関数 $f(x)$ は区間 I で**単調減少**であるという．

関数 $y = f(x)$ が閉区間 $[a, b]$ で連続，開区間 (a, b) で微分可能であるとする．このとき，

$$f'(x) > 0 \quad (a < x < b) \quad \Rightarrow \quad f(x) \text{ は } [a, b] \text{ で単調増加}$$
$$f'(x) < 0 \quad (a < x < b) \quad \Rightarrow \quad f(x) \text{ は } [a, b] \text{ で単調減少}$$

［証明］

上を示す．閉区間 $[a, b]$ 上の任意の2点 $x_1, x_2(x_1 < x_2)$ に対し平均値の定理を用いると，

$$\frac{f(x_2) - f(x_1)}{x_2 - x_1} = f'(c)$$

となる $c(x_1 < c < x_2)$ が存在する．いま，$f'(x) > 0$ より $f'(c) > 0$ であるので，

$$\frac{f(x_2) - f(x_1)}{x_2 - x_1} > 0$$

である．また，$x_1 < x_2$ より $x_2 - x_1 > 0$ であるので，$f(x_2) - f(x_1) > 0$ であることが分かる．

よって，$f(x_2) > f(x_1)$ であるので $f(x)$ は $[a, b]$ で単調増加である．

また，下も同様に示すことができる ■

■ 極値

閉区間 $[a, b]$ で定義された関数 $f(x)$ に対し，c に十分近い，c 以外のすべての x に対し $f(x) > f(c)$ が成り立つとき $f(x)$ は c で**極小**となるといい，$f(c)$ を**極小値**という．

また，c に十分近い，c 以外のすべての x に対し $f(x) < f(c)$ が成り立つとき $f(x)$ は c で**極大**となるといい，$f(c)$ を**極大値**という．極小値・極大値をまとめて**極値**という．

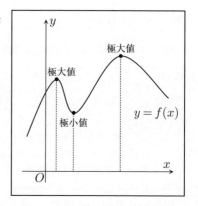

■ 極値をとるための必要条件

> 関数 $y = f(x)$ が c を含む区間で定義されていて，$x = c$ で微分可能であるとする．このとき，
>
> $$f(c) \text{ は極値} \quad \Rightarrow \quad f'(c) = 0$$

［証明］

$f(x)$ が $x = c$ で極大となるとすると，十分小さい $h(\neq 0)$ に対し，

$$f(c + h) - f(c) < 0$$

である．ここで，$h > 0$ として $x = c$ での片側微分係数を考えると，

$$\lim_{h \to +0} \frac{f(c + h) - f(c)}{h} \leq 0 \tag{i}$$

$h < 0$ として $x = c$ での片側微分係数を考えると，

$$\lim_{h \to -0} \frac{f(c + h) - f(c)}{h} \geq 0 \tag{ii}$$

となる．$f(x)$ は $x = c$ で微分可能であるので，(i) 式と (ii) 式の左辺は一致し，

$$f'(c) = 0$$

となる．よって定理は成り立つ．

また，$f(x)$ が $x = c$ で極小となる場合も同様に示すことができる ■

【**例題 3.2**】 次の関数の極値の候補となる点の x 座標を求めよ.

(1)　$f(x) = 2x^3 - 5x^2 - 4x + 1$　　　　(2)　$f(x) = x^2 - \log x$

（**注意**）$f'(x) = 0$ を満たす x で $f(x)$ が極値をもつとは限らない（$f'(x) = 0$ はあくまでも 極値をとるための必要条件 である）.

［解答］

(1)　$\begin{aligned} f'(x) &= 6x^2 - 10x - 4 \\ &= 2(3x^2 - 5x - 2) \\ &= 2(3x + 1)(x - 2) \end{aligned}$

$f'(x) = 0$ として極値の候補となる点の x 座標を求めると,

$$x = -\frac{1}{3},\ 2$$

(2)　$\begin{aligned} f'(x) &= 2x - \frac{1}{x} \\ &= \frac{2x^2 - 1}{x} \\ &= \frac{(\sqrt{2}x + 1)(\sqrt{2}x - 1)}{x} \end{aligned}$

$f'(x) = 0$ として方程式を解くと,

$$x = \pm\frac{1}{\sqrt{2}}$$

いま，定義域は $x > 0$ であるので,

$$x = \frac{1}{\sqrt{2}}$$

【**問 3.2**】 次の関数の極値の候補となる点の x 座標を求めよ.

(1)　$f(x) = x^3 + 2x^2 + x - 3$　　　　(2)　$f(x) = x\sqrt{3 - x^2}$

(3)　$f(x) = xe^{-x}$　　　　(4)　$f(x) = x\log x$

3.3. 関数の凹凸と変曲点

■ 凸関数

関数 $f(x)$ に対し，区間 I 内の任意の 2 点 a, b と閉区間 $[0, 1]$ 内の任意の t に対して不等式

$$f(ta + (1-t)b) \leq tf(a) + (1-t)f(b)$$

が成り立っているとき，関数 $f(x)$ は区間 I において**凸**（または**下に凸**）であるという．

また，不等式

$$f(ta + (1-t)b) \geq tf(a) + (1-t)f(b)$$

が成り立っているとき，関数 $f(x)$ は区間 I において**凹**（または**上に凸**）であるという．

（**注意**：$[0, 1]$ 内の任意の t に対する点

$$(ta + (1-t)b,\ tf(a) + (1-t)f(b))$$

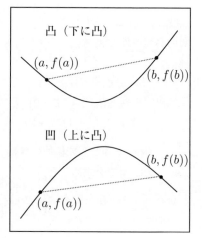

は点 $(a, f(a))$ と $(b, f(b))$ を結ぶ線分の内分点を表す．図でいうと点線が内分点の軌跡であり，上の不等式は x 座標が同一である曲線 $y = f(x)$ 上の点と内分点の大小を述べている．）

幾何学的にいえば「凸（下に凸）」とは，$y = f(x)$ のグラフを描いたとき，区間 I 内の任意の 2 点 $(a, f(a))$, $(b, f(b))$ を結んだ線分より $y = f(x)$ のグラフが下にある，ということであり，「凹（上に凸）」とは，$y = f(x)$ のグラフを描いたとき，区間 I 内の任意の 2 点 $(a, f(a))$, $(b, f(b))$ を結んだ線分より $y = f(x)$ のグラフが上にある，ということである．

■ 凹凸の判定

関数 $y = f(x)$ が区間 I を含む区間で定義されていて，2 回微分可能であるとする．
このとき，区間 I におけるすべての x について，

$$f''(x) \geq 0 \quad \Leftrightarrow \quad f(x) \text{ は区間 } I \text{ で凸（下に凸）}$$
$$f''(x) \leq 0 \quad \Leftrightarrow \quad f(x) \text{ は区間 } I \text{ で凹（上に凸）}$$

［証明］

上を証明する.

(⇒ の証明)

区間 I 内の任意の 3 点 $a, b, c (a < c < b)$ に対し，以下の 2 つ
の値を考える.

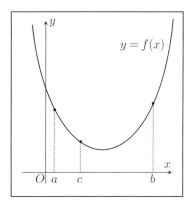

$$\frac{f(c) - f(a)}{c - a}, \frac{f(b) - f(c)}{b - c}$$

平均値の定理より，

$$\frac{f(c) - f(a)}{c - a} = f'(c_1) \quad (a < c_1 < c)$$

$$\frac{f(b) - f(c)}{b - c} = f'(c_2) \quad (c < c_2 < b)$$

となる c_1, c_2 が存在する（$a < c_1 < c < c_2 < b$ であることに注意）．条件 $f''(x) \geq 0$ より，$f'(x)$
は増加関数であるので，$f'(c_1) \leq f'(c_2)$ であることが分かり，

$$\frac{f(c) - f(a)}{c - a} \leq \frac{f(b) - f(c)}{b - c}$$

であることが分かる．よって，この不等式を変形すると，

$$(b - c)(f(c) - f(a)) \leq (c - a)(f(b) - f(c))$$
$$(b - c)f(c) - (b - c)f(a) \leq (c - a)f(b) - (c - a)f(c)$$
$$\{(b - c) + (c - a)\} f(c) \leq (b - c)f(a) + (c - a)f(b)$$
$$(b - a)f(c) \leq (b - c)f(a) + (c - a)f(b)$$

いま，$b - a > 0$ であるので，両辺を $b - a$ で割って

$$f(c) \leq \frac{b - c}{b - a}f(a) + \frac{c - a}{b - a}f(b) \tag{i}$$

を得る．ここで，$t = \dfrac{b - c}{b - a}$ とおくと，

$a < c < b$ より $b - a > b - c > 0$ であるので，$0 < t < 1$，また，

$$\frac{c - a}{b - a} = \frac{(b - a) - (b - c)}{b - a} = 1 - \frac{b - c}{b - a} = 1 - t$$

であるので，(i) 式は

$$f(c) \leq tf(a) + (1 - t)f(b)$$

となる.

また，$t = \dfrac{b - c}{b - a}$ より

$$(b - a)t = b - c$$
$$c = b - (b - a)t = ta + (1 - t)b$$

であるので，

$$f(ta + (1 - t)b) \leq tf(a) + (1 - t)f(b).$$

よって $f(x)$ は区間 I で凸であることが示される.

(⇐ の証明)

$f(x)$ は凸より, 区間 I 内の任意の 2 点 $a, b (a < b)$ と閉区間 $[0, 1]$ 内の任意の t に対し

$$f(ta + (1-t)b) \leq tf(a) + (1-t)f(b)$$

が成り立つ. $c = ta + (1-t)b$ とおくと, 上の証明の計算部分を逆に辿り,

$$\frac{f(c) - f(a)}{c - a} \leq \frac{f(b) - f(c)}{b - c}$$

とできる. ここで両辺において $c \to a$ とすると,

$$\lim_{c \to a} \frac{f(c) - f(a)}{c - a} \leq \lim_{c \to a} \frac{f(b) - f(c)}{b - c}$$
$$f'(a) \leq \frac{f(b) - f(a)}{b - a}$$

また, 両辺において $c \to b$ とすると,

$$\lim_{c \to b} \frac{f(c) - f(a)}{c - a} \leq \lim_{c \to b} \frac{f(b) - f(c)}{b - c}$$
$$\frac{f(b) - f(a)}{b - a} \leq f'(b)$$

となり,

$$f'(a) \leq \frac{f(b) - f(a)}{b - a} \leq f'(b)$$
$$f'(a) \leq f'(b)$$

であり, $f'(x)$ は単調増加である. よって, $f''(x) \geq 0$ であることが示される ■

■ 変曲点であるための必要条件

　連続関数 $f(x)$ が凸である状態から凹である状態に変わる点, または凹である状態から凸である状態に変わる点を**変曲点**という.

> 　関数 $y = f(x)$ が c を含む区間で定義されていて, $x = c$ で 2 回微分可能かつ $f''(x)$ が連続であるとする. このとき,
>
> $$(c, f(c)) は変曲点 \quad \Rightarrow \quad f''(c) = 0$$

[証明]

　関数 $f(x)$ が凸である状態から凹である状態に変わる場合, $f''(x)$ の符号は正から負に変わる. 逆に, 関数 $f(x)$ が凹である状態から凸である状態に変わる場合, $f''(x)$ の符号は負から正に変わる. いま, $f''(x)$ は連続であるので, 符号が変わる点を c とすると, $f''(c) = 0$ となる ■

【**例題 3.3**】次の関数の変曲点の候補となる点の x 座標を求めよ.

(1)　$f(x) = 4x^3 - 15x^2 - 18x + 1$　　　　(2)　$f(x) = e^{-2x^2}$

（**注意**）$f''(x) = 0$ を満たす x で点 $(x, f(x))$ が変曲点になるとは限らない（$f''(x) = 0$ はあくまでも <u>変曲点であるための必要条件</u> である）.

［解答］

(1)　$f'(x) = 12x^2 - 30x - 18$
$$= 6(2x^2 - 5x - 3)$$
$f''(x) = 6(4x - 5)$

$f''(x) = 0$ として変曲点の候補となる点の x 座標を求めると,
$$x = \underline{\frac{5}{4}}$$

(2)　$f'(x) = -4xe^{-2x^2}$
$$f''(x) = -4e^{-2x^2} + 16x^2 e^{-2x^2}$$
$$= (16x^2 - 4)e^{-2x^2}$$
$$= 4(2x + 1)(2x - 1)e^{-2x^2}$$

$f''(x) = 0$ として変曲点の候補となる点の x 座標を求めると,
$$x = \underline{\pm\frac{1}{2}}$$

【**問 3.3**】次の関数の変曲点の候補となる点の x 座標を求めよ.

(1)　$f(x) = x^4 - 4x^3 + 16x$　　　　(2)　$f(x) = x^4 - 6x^2 - 8x$

(3)　$f(x) = xe^{-x^2}$　　　　(4)　$f(x) = \log\left(x + \sqrt{x^2 + 2}\right)$

3.4. グラフの概形

グラフの概形を描くための手順を, 段階を踏まえ記しておく.

Step 1.　$f'(x)$ を求め, $f'(x) = 0$ を解き極値の候補となる点の x 座標を求める.
Step 2.　$f''(x)$ を求め, $f''(x) = 0$ を解き変曲点の候補となる点の x 座標を求める.
Step 3.　増減・凹凸表を作る.
Step 4.　必要な極限を調べる. また, 定義域が閉区間の場合には端点の $f(x)$ の値を調べる.
Step 5.　必要ならば y 切片・x 切片の値を求め, グラフを描く.

【**例題 3.4**】次の関数のグラフの概形を描け.
$$f(x) = \frac{2x}{x^2 + 1}$$

［解答］
$$f'(x) = \frac{2(x^2 + 1) - 2x \cdot 2x}{(x^2 + 1)^2} = \frac{-2x^2 + 2}{(x^2 + 1)^2} = \frac{-2(x + 1)(x - 1)}{(x^2 + 1)^2}$$

$f'(x) = 0$ とすると，$x = \pm 1$.

$$f''(x) = \frac{-4x(x^2+1)^2 - (-2x^2+2) \cdot 2(x^2+1) \cdot 2x}{(x^2+1)^4}$$

$$= \frac{-4x(x^2+1) - (-2x^2+2) \cdot 2 \cdot 2x}{(x^2+1)^3}$$

$$= \frac{4x(x^2-3)}{(x^2+1)^3} = \frac{4x(x+\sqrt{3})(x-\sqrt{3})}{(x^2+1)^3}$$

$f''(x) = 0$ とすると，$x = 0, \pm\sqrt{3}$.

よって，増減表を作ると以下のようになる．

x	$\cdots$	$-\sqrt{3}$	$\cdots$	-1	$\cdots$	0	$\cdots$	1	$\cdots$	$\sqrt{3}$	$\cdots$
$f'(x)$	$-$	$-$	$-$	0	$+$	$+$	$+$	0	$-$	$-$	$-$
$f''(x)$	$-$	0	$+$	$+$	$+$	0	$-$	$-$	$-$	0	$+$
$f(x)$	↘	$-\dfrac{\sqrt{3}}{2}$	↘	-1	↗	0	↗	1	↘	$\dfrac{\sqrt{3}}{2}$	↘

また，グラフを描くために必要な極限を調べると，

$$\lim_{x \to \infty} f(x) = \lim_{x \to \infty} \frac{2x}{x^2+1} = \lim_{x \to \infty} \frac{\dfrac{2}{x}}{1 + \dfrac{1}{x^2}} = 0$$

$$\lim_{x \to -\infty} f(x) = \lim_{x \to -\infty} \frac{2x}{x^2+1} = \lim_{x \to -\infty} \frac{\dfrac{2}{x}}{1 + \dfrac{1}{x^2}} = 0$$

よって，グラフの概形は以下のようになる．

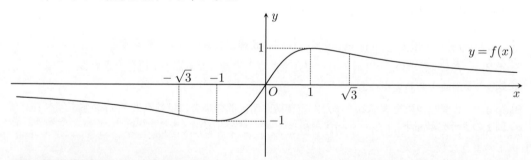

【問 3.4】 次の関数のグラフの概形を描け．

(1)　$f(x) = x^3 - 3x^2 + 2$

(2)　$f(x) = x^4 - 2x^2 + 1$

(3)　$f(x) = \dfrac{1}{x^2 - 1}$

(4)　$f(x) = \dfrac{e^x}{e^x + 1}$

#4. 経済学への応用 1

4.1. 効用関数と予算制約式

　経済学では種々の商品やサービスは総称して**財** (goods) と呼ばれ，**効用** (utility) という概念で財の消費による満足度を測っている．ここでは消費が単に効用に影響を与えるという最も簡単な（基礎的な）モデルを取り扱うことにし，**効用関数** (utility function) と**予算制約式** (budget constraint) という概念を説明する．また，ここでは変数は正の値をとるものとする．

■ 効用関数と限界効用

　消費が効用に影響を与えるということを数学的に表すために効用関数というものを考える．ここでは，1 つの財に対する効用関数を扱うことにする．財をクッキーとしたとき，財の数量と満足度との関係を見てみよう．

例 1：クッキーを 2 枚もらった時，クッキーを 1 枚もらった時の 2 倍うれしい人の効用関数を考えてみる．クッキー 1 枚の効用が 2 だったとするとクッキー 2 枚の効用は 4 であるので，効用関数をグラフに描くと右の図のように直線になる（横軸が数量，縦軸が効用）．経済学では通常，変数は正の値をとるものとするので図は第 1 象限のみ示す．

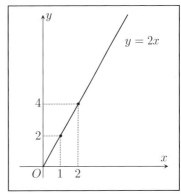

（**注意**：クッキーの数量は通常 1（枚），2（枚），… のように自然数の値となるが，ここでは連続的な値を許し実数の範囲で考えることにする）

効用を U（utility の頭文字），数量を x とすれば，効用関数は

$$U = 2x$$

となる．効用関数は上記の記法だけではなく，小文字の u を用いて，1 変数の効用関数を $u(x)$，2 変数の効用関数を $u(x, y)$ と表すこともある．

　例 1 のように数量と満足度の関係を数式で表したとき，数量と満足度の関数を効用関数という．例 1 のような数式で効用関数を表現できる人はクッキーを何枚もらっても，新しくもらったクッキーの満足度が初めてクッキーをもらった時の満足度とまったく変わらないという人となる．
　しかし，現実ではこのような人は稀で，例えば 1 枚目のときには空腹なのでとても嬉しいが，10 枚食べた後に更にもらうとなると満腹状態なのであまり嬉しくないというのが一般的である．このように数量が増えると満足度の増加はだんだんと小さくなっていくというのが人間の感覚に合っていると考えられる．これを**限界効用逓減の法則**（げんかいこうようていげんのほうそく：law of diminishing marginal utility）という．限界効用 (marginal utility) とは，財を 1 単位追加して消

費することによる効用の増加分のことであり，逓減とは次第に減る，という意味である（逆に次第に増えることを逓増という）．次に，限界効用逓減の法則を満たしている効用関数を考えてみよう．

例 2：クッキーを x 枚もらった時，その効用が $\sqrt{x}$ である人の効用関数は

$$U = \sqrt{x}$$

となり，グラフに描くと右の図のようになる．

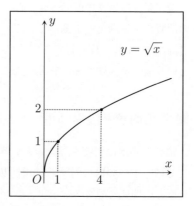

例 2 の効用関数は 1 枚のとき効用 1，4 枚のとき効用 2，9 枚のとき効用 3 というように効用の増加分が次第に減っていることが分かる（もし増加分が一定ならば，1 枚のとき効用 1 であるので 4 枚のときの効用は 4 であるはずである）．

　さて，上で扱った限界効用やその逓減は数学的にどのように扱うことができるのか考えてみよう．限界効用とは「財を 1 単位追加して消費することによる効用の増加分のこと」であるので，これはまさに微分の概念であることが分かる．例 2 では限界効用が x の値によって変化するので限界効用は x の関数となり，この関数は効用関数を微分することにより求めることができる．
（**注意**：ここでは数量 x は連続量として扱うため，例 1 や例 2 のようにクッキーの枚数で考えたときの限界効用と微分を用いて求めた限界効用の値は一般には異なるものになる）

【例題 4.1】 次の効用関数 $u(x)$ の $x = 4$ における限界効用を求めよ．
$$u(x) = 3\sqrt{x}$$

［解答］

$u'(x) = (3\sqrt{x})' = 3(\sqrt{x})' = 3(x^{\frac{1}{2}})' = 3 \cdot \dfrac{1}{2} x^{\frac{1}{2}-1} = \dfrac{3}{2} x^{-\frac{1}{2}} = \dfrac{3}{2\sqrt{x}}$ より，

$x = 4$ における限界効用は

$$u'(4) = \frac{3}{2\sqrt{4}} = \frac{3}{4}$$

【問 4.1】 次の効用関数 $u(x)$ の括弧内の点における限界効用を求めよ．

(1)　$u(x) = x^{\frac{1}{3}}$　$(x = 27)$　　　　　　　(2)　$u(x) = \dfrac{8}{9} x^{\frac{3}{4}}$　$(x = 16)$

また，限界効用が逓減している，逓増していると判断するには限界効用の増減を調べればよいので，限界効用の導関数，すなわち効用関数の 2 階導関数の符号を調べればよいことが分かる．

【**例題 4.2**】次の効用関数について，限界効用逓減の法則を満たしているか否か判定せよ.

(1)　　$u(x) = 3x$

(2)　　$u(x) = 2\sqrt{x}$

［解答］

(1)　　$u(x) = 3x$ より $u'(x) = 3$, $u''(x) = 0$ であるので限界効用 $u'(x)$ は一定である. よって, $u(x)$ は 限界効用逓減の法則を満たしていない.

(2)　　$u(x) = 2\sqrt{x}$ より

$$u'(x) = (2\sqrt{x})' = \left(2x^{\frac{1}{2}}\right)' = 2 \cdot \frac{1}{2} x^{-\frac{1}{2}} = x^{-\frac{1}{2}} = \frac{1}{\sqrt{x}}$$

$$u''(x) = \left(x^{-\frac{1}{2}}\right)' = -\frac{1}{2} x^{-\frac{3}{2}} = -\frac{1}{2\sqrt{x^3}} < 0$$

であるので限界効用 $u'(x)$ は減少している. よって, $u(x)$ は 限界効用逓減の法則を満たしている.

【**問 4.2**】次の効用関数について，限界効用逓減の法則を満たしているか否か判定せよ.

(1)　　$u(x) = x^{\frac{2}{3}}$ 　　　　　　　　　　　　(2)　　$u(x) = x^{\frac{5}{4}}$

■ 予算制約式

　通常，複数の財を購入するとき，支出額は所得を超えることはない．ここでは財が2財のケースをモデル化してみよう．p_1 を第1財の価格，p_2 を第2財の価格，x_1 を第1財の購入量，x_2 を第2財の購入量，W を所得とするとき，**予算制約式** (budget constraint) は次の不等式になる．

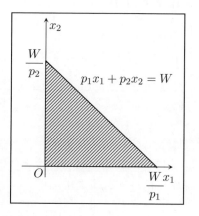

$$p_1 x_1 + p_2 x_2 \leq W$$

　この式を $x_1 x_2$ 平面上に図示すると，右の図の領域となり，予算制約式において境界を表す直線を**予算線**という（**注意**：経済学では変数は正の値をとるものとするので，図は第1象限のみである）．予算線は，x_2 切片が $\dfrac{W}{p_2}$，傾きが $-\dfrac{p_1}{p_2}$ の直線となり，図の斜線部分は購入可能な第1財と第2財の組み合わせを表している．

【例題 4.3】 所得が100，X財の価格が10，Y財の価格が20であるとし，X財の購入量を x，Y財の購入量を y とする．このとき次の問いに答えよ．

(1)　予算制約式を求めよ．
(2)　予算線のグラフを描け．

［解答］

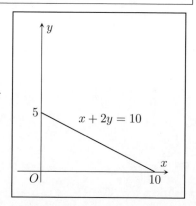

(1)　$10x + 20y \leq 100$

(2)　$10x + 20y \leq 100$ を式変形し，$x + 2y \leq 10$ とするとグラフは右図のようになる．

【問 4.3】 次の所得 W，X財の価格 p_1，Y財の価格 p_2 に対し，X財の購入量を x，Y財の購入量を y としたときの予算制約式を求め予算線のグラフを描け．

(1)　$(W, p_1, p_2) = (200, 12, 4)$　　　　　　　　(2)　$(W, p_1, p_2) = (1200, 600, 900)$

4.2. 効用最大化問題

　　ここでは，2財の消費の選択について扱う．2財以上の場合，消費者は手持ちの予算をどの財の購入に振り分けるかということを考えなければならない．

　　例として，次のような遠足のお菓子の購入を考えてみよう．

例：ある小学校では遠足に行くとき，児童は予算300円以内でお菓子を買って持って行くことができる．ある児童が遠足のお菓子を買いに駄菓子屋に行った．その駄菓子屋ではガム1個が30円，スナック菓子が1個10円で売られていた．このとき，この児童はガムとスナック菓子を何個ずつ買うと満足できるか．

　　もしも予算が制限されていなければ，児童は好きなだけお菓子を買うことができるが，予算が制限されているため児童は予算内で購入できる範囲の中で自分の効用を最大にする消費量を見つけなければならない．

　　このように，予算の範囲内で効用を最大にする消費量を求める問題を**予算制約下の効用最大化問題**という．

【例題 4.4】 太郎君は 300 円を持っており，1 個 30 円のガムと 1 個 10 円のスナック菓子をいくつ購入するかを考えている．ガムを x 個，スナック菓子を y 個とするとき，太郎君の効用関数を

$$U = \sqrt{xy}$$

とする．太郎君の効用が最大になるガムとスナック菓子の購入量を求めよ．ただし，効用関数 U が x, y について単調であることは既知としてよい．

［解答］
条件より，予算制約式は

$$30x + 10y \leq 300$$

と表せるのでこの効用最大化問題は

　　maximize : $U = \sqrt{xy}$
　　subject to : $30x + 10y \leq 300, x \geq 0, y \geq 0$

と書ける．maximize は「最大化」を意味し，subject to は「〜の条件の下で」という意味である．いま，効用関数 U は x, y について単調であるので，予算制約式において等号が成立しない状況で効用が最大化されることはないので，上の定式化は

　　maximize : $U = \sqrt{xy}$　　　　　　　　　　　　　　　　　　　　　　　　　(i)
　　subject to : $30x + 10y = 300, x \geq 0, y \geq 0$　　　　　　　　　　　　　　(ii)

と書ける．

(ii) 式より，$3x + y = 30$ であるので，$y = 30 - 3x$ として (i) 式に代入すると，

$$U = \sqrt{xy} = \sqrt{x(30 - 3x)} = \sqrt{-3x^2 + 30x}$$

となり，1 変数関数の極値問題に帰着できる.

よって，U の増減を調べればよい.

$$\begin{aligned}
U' &= \left(\sqrt{-3x^2 + 30x} \right)' \\
&= \left((-3x^2 + 30x)^{\frac{1}{2}} \right)' \\
&= \frac{1}{2}(-3x^2 + 30x)^{-\frac{1}{2}} \cdot (-6x + 30) \\
&= \frac{-3x + 15}{\sqrt{-3x^2 + 30x}}
\end{aligned}$$

ここで，$U' = 0$ を解く.

$$\frac{-3x + 15}{\sqrt{x(30 - 3x)}} = 0$$

$x \neq 0, 10$ として分母を払うと，

$$-3x + 15 = 0$$
$$x = 5$$

となるので，$0 \leq x \leq 10$ に注意して増減表を作ると，

x	0	$\cdots$	5	$\cdots$	10
U'		$+$	0	$-$	
U	0	$\nearrow$	$5\sqrt{3}$	$\searrow$	0

となるので，$x = 5$ のとき効用が最大化される.

よって，$(x, y) = (5, 15)$ のとき太郎君の効用は最大化され，その効用は $5\sqrt{3}$ である. つまり，ガムを 5 個，スナック菓子を 15 個購入したとき太郎君の効用は最大になる.

【問 4.4】次の効用最大化問題を解け. ただし，効用関数 U が x, y について単調であることは既知としてよい.

(1)　ある家計の予算は 13500 円で，第 1 財の価格は 1 単位あたり 200 円，第 2 財の価格は 1 単位あたり 150 円とする. 第 1 財の購入量を x，第 2 財の購入量を y とするとき，この家計の効用関数は $U = x^2 y$ である. 家計の効用を最大にする両財の購入量を求めよ.

(2)　ある家計の予算は 15000 円で，第 1 財の価格は 1 単位あたり 250 円，第 2 財の価格は 1 単位あたり 400 円とする. 第 1 財の購入量を x，第 2 財の購入量を y とするとき，この家計の効用関数は $U = x^{\frac{1}{3}} y^{\frac{2}{3}}$ である. 家計の効用を最大にする両財の購入量を求めよ.

#5.2 変数関数と偏微分

5.1. 2変数関数

■2変数関数とは

1変数関数の中には**パラメータ** (parameter) と呼ばれる変数を含んでいるものがある．パラメータとは，関数に対して補助的に用いられる変数のことであり，たとえば下の関数における a のようなものである．

$$f(x) = \sqrt{(x-a)(x+a)}, \quad f(x) = x^a$$

このような関数 $f(x)$ を調べる際に，変数 x だけではなく，パラメータ a も動かして調べる必要がしばしば生じる．つまり，関数 $f(x)$ を x だけの1変数関数と見るのではなく，x と a の2変数の関数としてみるわけである．このように，関数を調べる際には2変数以上の関数を考えることは自然なことだと理解できるだろう．

いま，2つの変数を x, y があり，x, y の値の組に対して z の値が定まるとき，その対応を x と y の関数といい，

$$z = f(x, y)$$

で表す．一般に，2変数関数のグラフ

$G = \bigl\{(x, y, f(x, y)) \mid (x, y) \in f \text{ の定義域}\bigr\}$

は右図のように曲面で表される．

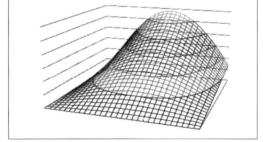

■2変数関数の定義域

2変数の関数において独立変数 x, y を xy 平面上の点 (x, y) で表すことにすると，2変数関数の定義域は下図のような**領域**として考えることができる．領域は左のような有限個の閉じた曲線で囲まれた領域（**有界領域**という）や右のように無限に広がった領域（**無限領域**という）がある．一般には領域はその境界を含めないが，領域に境界を含めたものを閉領域という．

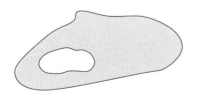

有界領域

無限領域

【**例題 5.1**】次の領域を xy 平面上に図示せよ.

(1)　$D_1 = \{(x, y) \mid 1 < x < 3,\ -2 < y < 1\}$

(2)　$D_2 = \{(x, y) \mid x^2 + y^2 < 4\}$

［解答］

(1)　$1 < x < 3,\ -2 < y < 1$ なので領域 D_1 は長方形領域である.

領域 D_1 は右図のようになる（境界は含まない）.

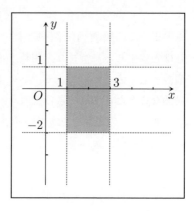

(2)　$x^2 + y^2 < 4$ なので領域 D_2 は円領域である.

領域 D_2 は右図のようになる（境界は含まない）.

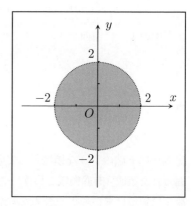

【**問 5.1**】次の領域を xy 平面上に図示せよ.

(1)　$D_1 = \{(x, y) \mid 1 < x < y + 1,\ 0 < y < 3\}$

(2)　$D_2 = \{(x, y) \mid 4 < x^2 + y^2 < 9\}$

5.2. 2変数関数の極限

2変数関数の極限は1変数の場合と同じように定義される. xy 平面上の点 $P(x, y)$ が点 $A(a, b)$ と一致することなく限りなく A に近づくとき, 関数 $f(x, y)$ の値が一定の値 c に限りなく近づくならば,

$$\lim_{\substack{x \to a \\ y \to b}} f(x, y) = c, \qquad \lim_{(x, y) \to (a, b)} f(x, y) = c,$$

$$\lim_{P \to A} f(x, y) = c, \quad f(x, y) \to c\,((x, y) \to (a, b))$$

などと表す (ここで "点 P が点 A に近づくとき" というのは, 「近づき方に関わらず」という意味も含んでいることに注意すること).

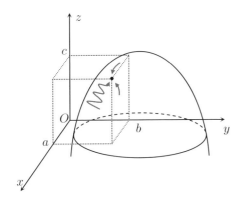

(A) 近づけ方に関わらず一定の値 c に近づく   (B) 近づけ方によって近づく値が変わる

(上図 (A) では近づけ方に関わらず z の値は c に近づくが, 上図 (B) では図の右側から近づくと 0, 左側から近づくと c になる.)

■ 極限の基本的性質

1変数のときと同様に, 2変数の関数の極限についても以下の性質が成り立つ.

$\displaystyle \lim_{(x, y) \to (a, b)} f(x, y) = \alpha, \quad \lim_{(x, y) \to (a, b)} g(x, y) = \beta$ であるとき,

(1) $\displaystyle \lim_{(x, y) \to (a, b)} cf(x, y) = c\alpha$ (c は定数)

(2) $\displaystyle \lim_{(x, y) \to (a, b)} \{f(x, y) \pm g(x, y)\} = \alpha \pm \beta$ (複号同順)

(3) $\displaystyle \lim_{(x, y) \to (a, b)} f(x, y)g(x, y) = \alpha\beta$

(4) $\displaystyle \lim_{(x, y) \to (a, b)} \frac{f(x, y)}{g(x, y)} = \frac{\alpha}{\beta}$ (ただし $\beta \neq 0$)

【**例題 5.2**】 次の極限値を求めよ.

(1) $\displaystyle\lim_{(x,y)\to(0,0)} \frac{x^3+y^3}{x^2+y^2}$

(2) $\displaystyle\lim_{(x,y)\to(0,0)} \frac{x^2}{x^2+y^2}$

［解答］

(1) 　対象となる関数の絶対値を考えると,

$$\left|\frac{x^3+y^3}{x^2+y^2}\right| \le \left|\frac{x^3}{x^2+y^2}\right| + \left|\frac{y^3}{x^2+y^2}\right| = |x|\,\frac{x^2}{x^2+y^2} + |y|\,\frac{y^2}{x^2+y^2} \le |x|+|y|$$

ここで,

$$\lim_{(x,y)\to(0,0)}(|x|+|y|)=0$$

より,

$$\lim_{(x,y)\to(0,0)}\frac{x^3+y^3}{x^2+y^2}=\underline{0}$$

(2) 　（傾き m の直線上から原点に近づくことを考え）$y=mx$ とおく.

$$\lim_{(x,y)\to(0,0)}\frac{x^2}{x^2+y^2}=\lim_{(x,y)\to(0,0)}\frac{x^2}{x^2+(mx)^2}=\lim_{(x,y)\to(0,0)}\frac{1}{1+m^2}=\frac{1}{1+m^2}$$

この値は m に依存するので 極限値は存在しない.

【**問 5.2**】 次の極限値を求めよ.

(1) $\displaystyle\lim_{(x,y)\to(0,0)} \frac{2x^2y}{x^2+y^2}$　　　　　　(2) $\displaystyle\lim_{(x,y)\to(0,0)} \frac{2xy}{x^2+y^2}$

5.3. 2変数関数の連続性

1変数関数と同様に, 2変数関数の連続性が以下のように定義される.

　関数 $f(x,y)$ が以下の3つの条件を満たすとき, $f(x,y)$ は $(x,y)=(a,b)$ で**連続**であるという.

(1) 　$f(x,y)$ は $(x,y)=(a,b)$ とその近くで定義されている.

(2) 　$\displaystyle\lim_{(x,y)\to(a,b)} f(x,y)$ が存在する.

(3) 　$\displaystyle\lim_{(x,y)\to(a,b)} f(x,y)=f(a,b)$

関数 $f(x, y)$ が，領域 D 内のすべての点で連続であるとき，関数 $f(x, y)$ は領域 D で連続であるという．極限の基本的性質より次が分かる．

$f(x, y), g(x, y)$ が点 (a, b) で連続であるとき，

(1)　$cf(x, y)$　　　（c は定数）

(2)　$f(x, y) \pm g(x, y)$

(3)　$f(x, y)g(x, y)$

(4)　$\dfrac{f(x, y)}{g(x, y)}$　　　（ただし $g(a, b) \neq 0$）

はそれぞれ点 (a, b) で連続である．

【例題 5.3】 次の関数の原点での連続性を調べよ．

(1)　$f(x, y) = \begin{cases} \dfrac{x^2 - y^2}{x^2 + y^2} & , (x, y) \neq (0, 0) \\ \\ 0 & , (x, y) = (0, 0) \end{cases}$

(2)　$f(x, y) = \begin{cases} \dfrac{xy}{\sqrt{x^2 + y^2}} & , (x, y) \neq (0, 0) \\ \\ 0 & , (x, y) = (0, 0) \end{cases}$

［解答］

$\displaystyle \lim_{(x, y) \to (a, b)} f(x, y) = f(a, b)$ が成立するかどうか調べる．

(1)　$y = mx$ とおく．

$$\lim_{(x, y) \to (0, 0)} \frac{x^2 - y^2}{x^2 + y^2} = \lim_{(x, y) \to (0, 0)} \frac{x^2 - (mx)^2}{x^2 + (mx)^2} = \lim_{(x, y) \to (0, 0)} \frac{1 - m^2}{1 + m^2} = \frac{1 - m^2}{1 + m^2}$$

この値は m に依存するので極限値は存在しない．よって，関数 $f(x, y)$ は原点で <u>連続でない</u>.

(2)　$x^2 \geq 0, y^2 \geq 0$ であるので相加・相乗平均の関係より，

$$\sqrt{x^2 y^2} \leq \frac{x^2 + y^2}{2}$$

$$|xy| \leq \frac{x^2 + y^2}{2}$$

ここで $(x, y) \neq (0, 0)$ における $f(x, y)$ の絶対値を考えると，

$$\left| \frac{xy}{\sqrt{x^2 + y^2}} \right| \leq \frac{\dfrac{x^2 + y^2}{2}}{\sqrt{x^2 + y^2}} = \frac{1}{2}\sqrt{x^2 + y^2}$$

よって，

$$\lim_{(x, y) \to (0, 0)} \left| \frac{xy}{\sqrt{x^2 + y^2}} \right| \leq \lim_{(x, y) \to (0, 0)} \frac{1}{2}\sqrt{x^2 + y^2} = 0$$

より,

$$\lim_{(x,\,y)\to(0,\,0)} f(x,\,y) = 0$$

よって,

$$\lim_{(x,\,y)\to(0,\,0)} f(x,\,y) = f(0,\,0) = 0$$

であるので, 関数 $f(x,\,y)$ は原点で 連続である.

【問 5.3】 次の関数の原点での連続性を調べよ.

(1)　$f(x,\,y) = \begin{cases} \dfrac{x^4 - y^4}{\sqrt{x^2 + y^2}} & ,\ (x,\,y) \neq (0,\,0) \\[2mm] 0 & ,\ (x,\,y) = (0,\,0) \end{cases}$

(2)　$f(x,\,y) = \begin{cases} \dfrac{y}{\sqrt{x^2 + y^2}} & ,\ (x,\,y) \neq (0,\,0) \\[2mm] 0 & ,\ (x,\,y) = (0,\,0) \end{cases}$

5.4. 偏微分

　関数 $z = f(x,\,y)$ において 2 つの独立変数 $x,\,y$ をそれぞれ独立に変化させることを考える. いま, $y = b$ として x を変化させることを考えると, 関数 $z = f(x,\,b)$ は変数 x だけの関数となり, $x = a$ における極限

$$f_x(a,\,b) = \lim_{h\to 0} \frac{f(a+h,\,b) - f(a,\,b)}{h}$$

が存在するならば, $f(x,\,y)$ は点 $(a,\,b)$ で x に関して **偏微分可能** であるといい, その極限値を $f_x(a,\,b)$ で表す. このとき, $f_x(a,\,b)$ を $f(x,\,y)$ の点 $(a,\,b)$ における x に関する **偏微分係数** という. x に関する偏微分係数は, 記号

$$f_x(a,\,b),\qquad \frac{\partial f}{\partial x}(a,\,b)$$

などで表す. また, y に関する偏微分係数についても同様に定義することができる.

　偏微分係数の幾何学的意味を図に示してみよう. 曲面 $z = f(x,\,y)$ 上の曲線 C_x を

$$C_x : z = f(x,\,b),\ y = b$$

とすると, $f_x(a,\,b)$ は $x = a$ における接線 L の傾きを表す.

　図でいうと, 曲面 $z = f(x,\,y)$ を平面 $y = b$ で切る（図左）とその断面には曲線 $z = f(x,\,b)$ が現われる（図右）. これは 1 変数関数の曲線なので, 1 変数関数の微分係数の概念が適用でき, $f_x(a,\,b)$ は $x = a$ における接線 L の傾きを表していることが分かる. 同様に $f_y(a,\,b)$ も説明できる.

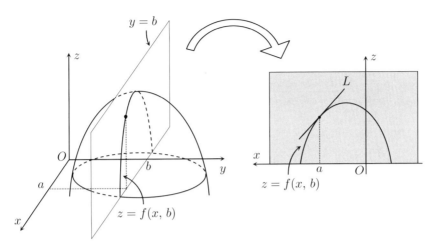

$f(x, y)$ が領域 D で x に関して偏微分可能であるとき，関数 $f_x(x, y)$ を x に関する**偏導関数**といい，偏微分係数，偏導関数を求めることを**偏微分する**という．同様に y に関して偏微分可能であるとき，関数 $f_y(x, y)$ を y に関する偏導関数という．$z = f(x, y)$ の x に関する偏導関数を表す記号としては

$$f_x(x, y), \quad z_x, \quad \frac{\partial z}{\partial x}, \quad f_x, \quad \frac{\partial f}{\partial x}, \quad \frac{\partial f}{\partial x}(x, y), \quad D_x z$$

などがある．y に関する偏導関数も同様に表される．

【例題 5.4】 次の関数について与えられた偏微分係数・偏導関数を定義にしたがって計算せよ．

(1)　$f(x, y) = x^2 + 3xy,\ f_x(0, 0),\ f_y(1, 2)$

(2)　$f(x, y) = e^{2x+3y},\ f_x(x, y),\ f_y(x, y)$

［解答］

(1)　$\displaystyle f_x(0, 0) = \lim_{h \to 0} \frac{f(0 + h, 0) - f(0, 0)}{h}$

$\displaystyle \qquad\qquad\quad = \lim_{h \to 0} \frac{h^2 - 0}{h}$

$\displaystyle \qquad\qquad\quad = \lim_{h \to 0} h$

$\qquad\qquad\quad = \underline{0}$

$$
\begin{aligned}
f_y(1,\,2) &= \lim_{k \to 0} \frac{f(1,\,2+k) - f(1,\,2)}{k} \\
&= \lim_{k \to 0} \frac{\{1 + 3(2+k)\} - (1 + 3 \cdot 2)}{k} \\
&= \lim_{k \to 0} \frac{1 + 6 + 3k - 1 - 6}{k} \\
&= \lim_{k \to 0} \frac{3k}{k} \\
&= \underline{3}
\end{aligned}
$$

(2) $\displaystyle\lim_{t \to 0} \frac{e^t - 1}{t} = 1$ であることを用いる (補助定理 1.3).

$$
\begin{aligned}
f_x(x,\,y) &= \lim_{h \to 0} \frac{f(x+h,\,y) - f(x,\,y)}{h} \\
&= \lim_{h \to 0} \frac{e^{2(x+h)+3y} - e^{2x+3y}}{h} \\
&= \lim_{h \to 0} \frac{e^{2x+2h+3y} - e^{2x+3y}}{h} \\
&= \lim_{h \to 0} e^{2x+3y} \cdot \frac{e^{2h} - 1}{h} \\
&= e^{2x+3y} \lim_{h \to 0} \frac{e^{2h} - 1}{2h} \cdot 2 \\
&= 2e^{2x+3y} \lim_{2h \to 0} \frac{e^{2h} - 1}{2h} \\
&= \underline{2e^{2x+3y}}
\end{aligned}
$$

$$
\begin{aligned}
f_y(x,\,y) &= \lim_{k \to 0} \frac{f(x,\,y+k) - f(x,\,y)}{k} \\
&= \lim_{k \to 0} \frac{e^{2x+3(y+k)} - e^{2x+3y}}{k} \\
&= \lim_{k \to 0} \frac{e^{2x+3y+3k} - e^{2x+3y}}{k} \\
&= \lim_{k \to 0} e^{2x+3y} \cdot \frac{e^{3k} - 1}{k} \\
&= \lim_{k \to 0} e^{2x+3y} \frac{e^{3k} - 1}{3k} \cdot 3 \\
&= 3e^{2x+3y} \lim_{3k \to 0} \frac{e^{3k} - 1}{3k} \\
&= \underline{3e^{2x+3y}}
\end{aligned}
$$

【**問 5.4**】 次の関数について与えられた偏微分係数・偏導関数を定義にしたがって計算せよ.

(1)　　$f(x, y) = 3xy^2 - 2x^2y,\ f_x(0, 1),\ f_y(-1, 1)$

(2)　　$f(x, y) = e^{2xy+y}\ f_x(x, y),\ f_y(x, y)$

例題で分かるように, ある変数で偏微分するとき, 偏微分の計算は他の変数を固定し定数とみなして計算するので, 計算方法は 1 変数の場合と同様である.

【**例題 5.5**】 次の関数を偏微分せよ.

(1)　　$f(x, y) = x^3 + 3x^2y - 2xy^2 - 3y^3$

(2)　　$f(x, y) = e^{x^2+2xy-y^2}$

［解答］

　x について偏微分するときは y は定数扱いで, y について偏微分するときは x は定数扱いで微分する.

(1)　　$f_x(x, y) = 3x^2 + 3y \cdot 2x - 2y^2 = \underline{3x^2 + 6xy - 2y^2}$

　　　　$f_y(x, y) = 3x^2 - 2x \cdot 2y - 9y^2 = \underline{3x^2 - 4xy - 9y^2}$

(2)　　$f_x(x, y) = (2x + 2y)e^{x^2+2xy-y^2} = \underline{2(x+y)e^{x^2+2xy-y^2}}$

　　　　$f_y(x, y) = (2x - 2y)e^{x^2+2xy-y^2} = \underline{2(x-y)e^{x^2+2xy-y^2}}$

【**問 5.5**】 次の関数を偏微分せよ.

(1)　　$f(x, y) = 2x^3 + 3xy^2 - 3y^2$　　　　　　(2)　　$f(x, y) = (2x - y^2)(x^2 - 3xy)$

(3)　　$f(x, y) = (x^2 - y)e^{xy}$　　　　　　　　　(4)　　$f(x, y) = \log(x^2 + 2y^2)$

5.5. 連鎖律

1変数のときと同様に，2変数関数の合成関数に関する偏微分の計算においても**連鎖律**と呼ばれる微分法が成り立つ．

■ 連鎖律

関数 $z = f(x, y)$ が x, y 両方で偏微分可能で $f_x(x, y)$, $f_y(x, y)$ が連続，かつ $x = \varphi(t)$, $y = \psi(t)$ がともに微分可能で連続ならば，合成関数

$$z = f(\varphi(t), \psi(t))$$

は t に関して微分可能であって，

$$\frac{dz}{dt} = \frac{\partial z}{\partial x}\frac{dx}{dt} + \frac{\partial z}{\partial y}\frac{dy}{dt}$$

［証明］

1変数関数の導関数の定義より，

$$\begin{aligned}
\frac{dz}{dt} &= \lim_{h \to 0} \frac{f(\varphi(t+h), \psi(t+h)) - f(\varphi(t), \psi(t))}{h} \\
&= \lim_{h \to 0} \frac{f(\varphi(t+h), \psi(t+h)) - f(\varphi(t), \psi(t+h)) + f(\varphi(t), \psi(t+h)) - f(\varphi(t), \psi(t))}{h} \\
&= \lim_{h \to 0} \frac{f(\varphi(t+h), \psi(t+h)) - f(\varphi(t), \psi(t+h))}{h} + \lim_{h \to 0} \frac{f(\varphi(t), \psi(t+h)) - f(\varphi(t), \psi(t))}{h}
\end{aligned}$$

ここで，$\Delta x = \varphi(t+h) - \varphi(t)$, $\Delta y = \psi(t+h) - \psi(t)$ とおくと，

$$= \lim_{h \to 0} \frac{f(x + \Delta x, y + \Delta y) - f(x, y + \Delta y)}{h} + \lim_{h \to 0} \frac{f(x, y + \Delta y) - f(x, y)}{h}$$

また，1変数関数の平均値の定理より，

$$\begin{aligned}
&= \lim_{h \to 0} \frac{\Delta x \, f_x(x + \theta_1 \Delta x, y + \Delta y)}{h} + \lim_{h \to 0} \frac{\Delta y \, f_y(x, y + \theta_2 \Delta y)}{h} \\
&= \lim_{h \to 0} \frac{\varphi(t+h) - \varphi(t)}{h} f_x(x + \theta_1 \Delta x, y + \Delta y) + \lim_{h \to 0} \frac{\psi(t+h) - \psi(t)}{h} f_y(x, y + \theta_2 \Delta y)
\end{aligned}$$

とできる（ただし，$0 < \theta_1, \theta_2 < 1$）．いま，$h \to 0$ より $\Delta x \to 0$, $\Delta y \to 0$ であり，$f_x(x, y)$, $f_y(x, y)$ が連続であるので，

$$\begin{aligned}
&= \varphi'(t) \cdot f_x(\varphi(t), \psi(t)) + \psi'(t) \cdot f_y(\varphi(t), \psi(t)) \\
&= f_x(\varphi(t), \psi(t)) \cdot \varphi'(t) + f_y(\varphi(t), \psi(t)) \cdot \psi'(t) \\
&= \frac{\partial z}{\partial x}\frac{dx}{dt} + \frac{\partial z}{\partial y}\frac{dy}{dt} \quad \blacksquare
\end{aligned}$$

関数 $z = f(x, y)$, $x = \varphi(u, v)$, $y = \psi(u, v)$ がともに偏微分可能かつ連続で，その偏導関数が連続ならば，合成関数

$$z = f(\varphi(u, v), \psi(u, v))$$

は u と v に関して偏微分可能であって，

$$\frac{\partial z}{\partial u} = \frac{\partial z}{\partial x}\frac{\partial x}{\partial u} + \frac{\partial z}{\partial y}\frac{\partial y}{\partial u}, \quad \frac{\partial z}{\partial v} = \frac{\partial z}{\partial x}\frac{\partial x}{\partial v} + \frac{\partial z}{\partial y}\frac{\partial y}{\partial v}$$

［証明］

変数 v を定数とみなせば前述の公式を用いることができるので，

$$\frac{\partial z}{\partial u} = \frac{\partial z}{\partial x}\frac{\partial x}{\partial u} + \frac{\partial z}{\partial y}\frac{\partial y}{\partial u}$$

が成り立つ．同様に

$$\frac{\partial z}{\partial v} = \frac{\partial z}{\partial x}\frac{\partial x}{\partial v} + \frac{\partial z}{\partial y}\frac{\partial y}{\partial v}$$

が成り立つことも分かる ■

【例題 5.6】 連鎖律を用いて以下の合成関数について $\dfrac{df}{dt}$ または，$\dfrac{\partial f}{\partial u}$, $\dfrac{\partial f}{\partial v}$ を求めよ．

(1)　$f(x, y) = x^2 - 2xy$, $x = 3t^2$, $y = 6t$

(2)　$f(x, y) = \log(x^2 + y^2)$, $x = u + v$, $y = u - v$

［解答］

(1)　$f_x(x, y) = 2x - 2y = 2(3t^2 - 6t) = 6t(t - 2)$

$\qquad f_y(x, y) = -2x = -2 \cdot 3t^2 = -6t^2$

$\qquad x_t = 6t$

$\qquad y_t = 6$

よって，連鎖律より

$$\frac{df}{dt} = \frac{\partial f}{\partial x}\frac{dx}{dt} + \frac{\partial f}{\partial y}\frac{dy}{dt}$$

$$= f_x(x, y) \cdot x_t + f_y(x, y) \cdot y_t$$

$$= 6t(t - 2) \cdot 6t + (-6t^2) \cdot 6$$

$$= 36t^2((t - 2) - 1)$$

$$= \underline{36t^2(t - 3)}$$

(2) $\quad f_x(x, y) = \dfrac{2x}{x^2 + y^2} = \dfrac{2(u+v)}{(u+v)^2 + (u-v)^2} = \dfrac{2(u+v)}{2u^2 + 2v^2} = \dfrac{u+v}{u^2 + v^2}$

$\quad\quad f_y(x, y) = \dfrac{2y}{x^2 + y^2} = \dfrac{2(u-v)}{(u+v)^2 + (u-v)^2} = \dfrac{2(u-v)}{2u^2 + 2v^2} = \dfrac{u-v}{u^2 + v^2}$

$\quad\quad x_u = 1,\ x_v = 1$

$\quad\quad y_u = 1,\ y_v = -1$

よって，連鎖律より

$$\begin{aligned}
\frac{\partial f}{\partial u} &= \frac{\partial f}{\partial x}\frac{\partial x}{\partial u} + \frac{\partial f}{\partial y}\frac{\partial y}{\partial u} \\
&= f_x(x, y) \cdot x_u + f_y(x, y) \cdot y_u \\
&= \frac{u+v}{u^2 + v^2} \cdot 1 + \frac{u-v}{u^2 + v^2} \cdot 1 \\
&= \frac{2u}{u^2 + v^2}
\end{aligned}$$

$$\begin{aligned}
\frac{\partial f}{\partial v} &= \frac{\partial f}{\partial x}\frac{\partial x}{\partial v} + \frac{\partial f}{\partial y}\frac{\partial y}{\partial v} \\
&= f_x(x, y) \cdot x_v + f_y(x, y) \cdot y_v \\
&= \frac{u+v}{u^2 + v^2} \cdot 1 + \frac{u-v}{u^2 + v^2} \cdot (-1) \\
&= \frac{2v}{u^2 + v^2}
\end{aligned}$$

【問 5.6】 連鎖律を用いて以下の合成関数について $\dfrac{df}{dt}$ または，$\dfrac{\partial f}{\partial u}$, $\dfrac{\partial f}{\partial v}$ を求めよ.

(1) $\quad f(x, y) = x^2 + y^3,\ x = t^2,\ y = t^3$

(2) $\quad f(x, y) = x^2 y,\ x = t^2,\ y = e^t$

(3) $\quad f(x, y) = \sqrt{x^2 + y^2},\ x = u + v,\ y = uv$

(4) $\quad f(x, y) = \log\sqrt{x^2 + y^2},\ x = u^2 - v^2,\ y = 2uv$

#6. 条件付極値問題

6.1. 2変数関数の極値

■ 極値

閉領域 D で定義された関数 $f(x, y)$ に対し，点 (a, b) に十分近い，点 (a, b) 以外のすべての点 (x, y) に対し $f(x, y) > f(a, b)$ が成り立つとき $f(x, y)$ は点 (a, b) で**極小**となるといい，$f(a, b)$ を**極小値**という．

また，点 (a, b) に十分近い，点 (a, b) 以外のすべての点 (x, y) に対し $f(x, y) < f(a, b)$ が成り立つとき $f(x, y)$ は点 (a, b) で**極大**となるといい，$f(a, b)$ を**極大値**という．極小値・極大値をまとめて**極値**という．

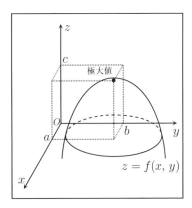

また，1変数のときと同様に極値をとるための必要条件は以下のようになる．

■ 極値をとるための必要条件

> 関数 $z = f(x, y)$ が点 (a, b) を含む領域で定義されていて，点 (a, b) で偏微分可能であるとする．このとき，
> $$f(a, b) \text{ は極値} \quad \Rightarrow \quad f_x(a, b) = 0, \, f_y(a, b) = 0$$

[証明]

$f(x, y)$ が (a, b) で極大となるとすると，十分小さい $h(\neq 0)$ に対し，
$$f(a + h, b) - f(a, b) < 0$$

である．ここで，$h > 0$ として (a, b) での x に対する片側偏微分係数を，1変数の片側偏微分係数と同様に考えると，
$$\lim_{h \to +0} \frac{f(a + h, b) - f(a, b)}{h} \leq 0 \tag{i}$$

$h < 0$ として (a, b) での x に対する片側偏微分係数を考えると，
$$\lim_{h \to -0} \frac{f(a + h, b) - f(a, b)}{h} \geq 0 \tag{ii}$$

となる．$f(x, y)$ は点 (a, b) で偏微分可能であるので，(i) 式と (ii) 式の左辺は一致し，
$$f_x(a, b) = 0$$

となる．同様に $f_y(a, b) = 0$ も示すことができる．
また，$f(x, y)$ が (a, b) で極小となる場合も同様に示すことができる ■

上の定理は極値をとるための"必要条件"であるので, $f_x(a, b) = 0$, $f_y(a, b) = 0$ を満たすからといって $f(x, y)$ が (a, b) で極値をもつわけではない.

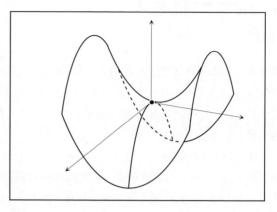

たとえば, $z = x^2 - y^2$ は原点 $(0, 0, 0)$ 付近で右図のような曲面になるが(図中の黒点が原点 $(0, 0, 0)$),図より原点 $(0, 0, 0)$ では極値をとらないことが確認できる.式で考えると,例えば任意の $h(\neq 0)$ に対して,$y = 0$ とすると

$$f(h, 0) = h^2 > 0 = f(0, 0)$$

となり, $f(0, 0)$ は極大値ではない.また, $x = 0$ とすると

$$f(0, h) = -h^2 < 0 = f(0, 0)$$

となり, $f(0, 0)$ は極小値ではない.このことから,原点 $(0, 0, 0)$ は見る方向によって極大であったり極小であったりする点だということが分かる.このような点を鞍点(あんてん:または鞍部点,峠点)という.また,単に $f_x(a, b) = 0$, $f_y(a, b) = 0$ を満たす点 (a, b) を**停留点**という.

【例題 6.1】 次の関数 $z = f(x, y)$ の停留点を求めよ.

(1) $z = x^3 + 3xy + y^3$
(2) $z = x^2 - xy^2 + xy - y^3$

[解答]

(1) $z = x^3 + 3xy + y^3$ より

$$z_x = 3x^2 + 3y, \ z_y = 3x + 3y^2$$

よって,

$$\begin{cases} 3x^2 + 3y = 0 \ \cdots ① \\ 3x + 3y^2 = 0 \ \cdots ② \end{cases}$$

①より $y = -x^2$ であるので,②に代入して両辺を3で割ると

$$x + x^4 = 0$$

$$x(1 + x)(1 - x + x^2) = 0$$

ここで, $1 - x + x^2 \neq 0$ より

$$x = -1, 0$$

$x = -1, 0$ を①に代入すると対応する y の値は $y = -1, 0$.
よって停留点は $\underline{(x, y) = (-1, -1), (0, 0)}$.

(2)　$z = x^2 - xy^2 + xy - y^3$ より,

$$z_x = 2x - y^2 + y,\ z_y = -2xy + x - 3y^2$$

よって,

$$\begin{cases} 2x - y^2 + y = 0 \cdots ① \\ -2xy + x - 3y^2 = 0 \cdots ② \end{cases}$$

①より $x = \dfrac{1}{2}y(y-1)$ であるので, ②に代入すると

$$-2xy + x - 3y^2 = 0$$
$$x(1 - 2y) - 3y^2 = 0$$
$$\frac{1}{2}y(y-1)(1-2y) - 3y^2 = 0$$
$$y\left\{(y-1)(1-2y) - 6y\right\} = 0$$
$$y\left\{-2y^2 - 3y - 1\right\} = 0$$
$$y\left\{2y^2 + 3y + 1\right\} = 0$$
$$y(y+1)(2y+1) = 0$$
$$y = -1, -\frac{1}{2}, 0$$

$y = -1, -\dfrac{1}{2}, 0$ を①に代入すると対応する x の値は $x = 1, \dfrac{3}{8}, 0$.
よって停留点は $(x, y) = (1, -1), \left(\dfrac{3}{8}, -\dfrac{1}{2}\right), (0, 0)$.

【問 6.1】 次の関数 $z = f(x, y)$ の停留点を求めよ.

(1)　$z = 8x^3 - 6xy - y^3$

(2)　$z = 4x^2 - 2xy^2 + y^5$

6.2. 陰関数定理

■ 陰関数

2 変数の関数 $F(x, y)$ に対し，方程式 $F(x, y) = 0$ をみたす点 (x, y) の集合は一般に平面上の曲線を表す．たとえば，円の方程式 $F(x, y) = x^2 + y^2 - 4 = 0$ は右図のような円を表す．この方程式を y について解くと 2 つの関数

$$y = \sqrt{4 - x^2}, \quad y = -\sqrt{4 - x^2}$$

が得られ，方程式 $F(x, y) = x^2 + y^2 - 4 = 0$ は上の 2 つの関数を同時に表していることが分かる（ここで，関数 $y = \sqrt{4 - x^2}$ は円の上半分，$y = -\sqrt{4 - x^2}$ は円の下半分を表している）．

　一般に，x と y の方程式 $F(x, y) = 0$ を y について解くといくつかの関数 $y = f(x)$ が得られる．この y について解くと得られるいくつかの関数を方程式 $F(x, y) = 0$ の**陰関数**という．

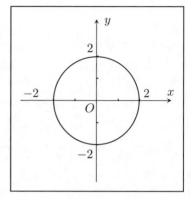

【例題 6.2】 次の方程式の表す陰関数 $y = f(x)$ をすべて求めよ.

(1)　$x^2 - 4y^2 - 4 = 0$

(2)　$4x^2 + 4xy - 3y^2 = 0$

［解答］

(1)　$x^2 - 4y^2 - 4 = 0$ より，

$$4y^2 = x^2 - 4$$

$$y^2 = \frac{1}{4}x^2 - 1$$

よって，

$$\underline{y = \pm\sqrt{\frac{1}{4}x^2 - 1}}$$

(2)　$4x^2 + 4xy - 3y^2 = 0$ より，

$$(2x + 3y)(2x - y) = 0$$

$$2x + 3y = 0, \, 2x - y = 0$$

よって，

$$\underline{y = -\frac{2}{3}x, \, y = 2x}$$

【問 6.2】次の方程式の表す陰関数 $y = f(x)$ をすべて求めよ.

(1)　$6x^2 - 7xy + 2y^2 = 0$

(2)　$2x^2 - xy - 3y^2 + 5y - 2 = 0$

■ 陰関数定理

　前項の方程式 $F(x, y) = 0$ はすべて $y = f(x)$ の形で表すことができたが，一般には $y = f(x)$ の形で表せるかどうかは単純ではない．$F(x, y) = 0$ が複雑な式で与えられた場合，$F(x, y) = 0$ を y について具体的に解くことは難しい．この問題点に関する解答の 1 つが次の定理である.

点 (a, b) の近くで定義されている連続な関数 $z = F(x, y)$ が連続な偏導関数をもつとする.
このとき,

$$F(a, b) = 0, \ F_y(a, b) \neq 0$$

であれば，次のことが成り立つ.

(1)　$F(x, y) = 0$ は陰関数 $y = f(x)$ を持ち，点 (a, b) の近くで $F(x, y) = 0$ となるのは $y = f(x)$ の場合でそのときに限る.

(2)　$f(x)$ は連続な導関数を持ち

$$f'(x) = -\frac{F_x(x, f(x))}{F_y(x, f(x))}$$

である.

［証明］

(1)　$F_y(a, b) > 0$ の場合を示す.
　$F_y(x, y)$ は点 (a, b) の近くで連続であるので，点 (a, b) の近くで $F_y(x, y) > 0$ となるようにできる．いま，x を固定した y の関数 $\varphi_{(x)}(y) = F(x, y)$ を考えたとき,

$$\frac{\partial}{\partial y}\varphi_{(x)}(y) = F_y(x, y) > 0$$

であるので関数 $\varphi_{(x)}(y)$ は $y = b$ の近くで単調増加である．特に，$x = a$ の場合を考えると，$\varphi_{(a)}(y)$：単調増加，$\varphi_{(a)}(b) = F(a, b) = 0$ であるので，$y = b$ の近くの y に対して

$$\varphi_{(a)}(y) > 0 \ (y \ \text{は} \ b \ \text{より大}), \quad \varphi_{(a)}(y) < 0 \ (y \ \text{は} \ b \ \text{より小})$$

が成り立つ.
　このことから，$y = b$ の近くの $b_1, b_2 (b_1 < b < b_2)$ に対し

$$\varphi_{(a)}(b_2) > 0, \quad \varphi_{(a)}(b_1) < 0$$

となる．$F(x, y)$ は点 (a, b) の近くで連続であるので，$x = a$ の近くの x に対して

$$\varphi_{(x)}(b_2) > 0, \quad \varphi_{(x)}(b_1) < 0$$

となるようにできる.

したがって, 中間値の定理（#0 の 0.3 参照）より $\varphi_{(x)}(y) = 0$ となる y がただ1つ存在する. この y は x に対して定まる値であるので, x の関数として表すことができ, $y = f(x)$ と書けば $F(x, y) = 0$ となるのはちょうど $y = f(x)$ のときだけであるので, 定理が成り立つことが分かる.

また, $F_y(a, b) < 0$ の場合も同様に示すことができる ■

(2)　本書だけではきちんとした証明ができないため, $f(x)$ が連続な導関数を持つことについての証明は省略する.

$f(x)$ が微分可能であり, $y = f(x)$ とできるので, $F(x, f(x)) = 0$ の両辺を x で微分すると,

$$F_x(x, f(x)) + F_y(x, f(x)) \cdot f'(x) = 0$$

$$f'(x) = -\frac{F_x(x, f(x))}{F_y(x, f(x))}$$

よって,

$$f'(x) = -\frac{F_x(x, y)}{F_y(x, y)} \quad ■$$

【例題 6.3】 次の方程式が定める x の関数 y について y' を求めよ.

(1)　$x^2 + y^2 - 4x = 0$

(2)　$x^3 - y^3 + 3xy = 0$

［解答］

(1)　$F(x, y) = x^2 + y^2 - 4x$ とおく.

$F_x(x, y) = 2x - 4$, $F_y(x, y) = 2y$ より, $F(x, y)$ は連続な偏導関数をもつことがわかる.

また, $F_y(x, y) \neq 0$ とすると $y \neq 0$ である.

よって, $y \neq 0$ のとき陰関数定理を用いることができ,

$$y' = -\frac{2x - 4}{2y} = -\frac{x - 2}{y} \quad (y \neq 0)$$

(2)　$F(x, y) = x^3 - y^3 + 3xy$ とおく.

$F_x(x, y) = 3x^2 + 3y$, $F_y(x, y) = -3y^2 + 3x$ より, $F(x, y)$ は連続な偏導関数をもつことがわかる.

また, $F_y(x, y) \neq 0$ とすると $x \neq y^2$ である.

よって, $x \neq y^2$ のとき陰関数定理を用いることができ,

$$y' = -\frac{3x^2 + 3y}{-3y^2 + 3x} = \frac{x^2 + y}{y^2 - x} \quad (x \neq y^2)$$

【問 6.3】 次の方程式が定める x の関数 y について y' を求めよ.

(1)　$x^2 - xy + y^2 = 0$

(2)　$xy^2 - x^2y - 2 = 0$

(3)　$y + 1 - xe^y = 0$

6.3. 条件付極値問題

　前節の陰関数定理の応用として条件付極値問題を考えよう.
条件付極値問題とは
「$g(x, y) = 0$ という条件の下で $f(x, y)$ の極値を求める」とい
う問題である. この問題は幾何学的には方程式 $g(x, y) = 0$ に
よって定まる陰関数 $y = \varphi(x)$ のグラフの上で $z = f(x, y)$ の
極値を求める問題とみなすことができる.

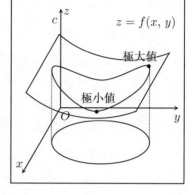

　たとえば

　「円周 C: $g(x, y) = x^2 + y^2 - r^2 = 0$ 上の点 (x, y) に対し
$f(x, y) = x^3 + y^3$ の極値を求める」

という問題があったとする. この条件付問題の解法を考える
とき, 条件 $g(x, y) = 0$ であるので #4 で扱った解法のように, 具体的に y を x で表し $f(x, y)$ に代
入することにより $f(x, y)$ の極値を求めることができる. しかし, この手順で極値を求めることは
一般的には困難である. そこで条件付極値問題に対しては次の定理が有効となる.

■ ラグランジュの乗数法

> 　$g(x, y)$ は定義域内で連続とする. $g(x, y) = 0$ という条件の下で関数 $z = f(x, y)$ が点 (a, b)
> で極値をとるとする.
> $g_x(a, b) \neq 0$ か, または $g_y(a, b) \neq 0$ であるならば次の等式を満たす $\lambda (\in \boldsymbol{R})$ が存在する (こ
> の λ をラグランジュの乗数という).
> $$f_x(a, b) + \lambda g_x(a, b) = 0, \quad f_y(a, b) + \lambda g_y(a, b) = 0$$

［証明］

$g_y(a, b) \neq 0$ とする.

条件 $g(x, y) = 0$ の定める陰関数を $y = \varphi(x)$ とする. いま, 関数 $z = f(x, y)$ が点 (a, b) において
極値をとっているので, 関数

$$F(x) = f(x, \varphi(x))$$

は $x = a$ で極値をとる. よって,

$$F'(a) = f_x(a, b) + f_y(a, b)\varphi'(a) = 0. \tag{i}$$

また, 陰関数定理より

$$\varphi'(a) = -\frac{g_x(a, b)}{g_y(a, b)} \quad (g_y(a, b) \neq 0)$$

であるので

$$g_x(a, b) + g_y(a, b)\varphi'(a) = 0 \tag{ii}$$

と変形できる．このとき，任意の λ に対し，(i)+(ii)×λ を考えると，

$$\{f_x(a, b) + f_y(a, b)\varphi'(a)\} + \lambda\{g_x(a, b) + g_y(a, b)\varphi'(a)\} = 0$$

$$\{f_x(a, b) + \lambda g_x(a, b)\} + \{f_y(a, b) + \lambda g_y(a, b)\}\varphi'(a) = 0 \tag{iii}$$

が成り立つ．よって，

$$\lambda = -\frac{f_y(a, b)}{g_y(a, b)}$$

とすると，

$$f_y(a, b) + \lambda g_y(a, b) = 0$$

となり，また，(iii) 式から

$$f_x(a, b) + \lambda g_x(a, b) = 0$$

となる．よって，

$$f_x(a, b) + \lambda g_x(a, b) = 0, \quad f_y(a, b) + \lambda g_y(a, b) = 0$$

となることが分かる．同様に $g_x(a, b) \neq 0$ の場合も示すことができる ■

ラグランジュの乗数法を用いて，条件付き極値問題を考えてみよう．

【例題 6.4】 ラグランジュの乗数法を用いて，括弧内の条件のもとで極値をとる点の候補を求めよ．

(1)　$z = x^2 + y^2$　$(x + y = 2)$

(2)　$z = x^2 + 4xy + 4y^2$　$(x^2 + y^2 = 1)$

［解答］

(1)　$f(x, y) = x^2 + y^2, g(x, y) = x + y - 2 = 0$ とおく．ラグランジュの乗数法を用いると，極値をとる候補点は下記の手順により求めることができる．

(i)　$g_x(x, y) = g_y(x, y) = 0$ でないことを確認する．
　　$g_x(x, y) = 1 \neq 0$ であるのでラグランジュの乗数法を用いることができる．

(ii)　$f(x, y), g(x, y)$ の偏導関数を求める．

$$f_x(x, y) = 2x, \quad f_y(x, y) = 2y, \quad g_x(x, y) = 1, \quad g_y(x, y) = 1$$

(iii)　$f_x(x, y) + \lambda g_x(x, y) = 0, f_y(x, y) + \lambda g_y(x, y) = 0, g(x, y) = 0$ を解く．

$$\begin{cases} 2x + \lambda = 0 \cdots ① \\ 2y + \lambda = 0 \cdots ② \\ x + y - 2 = 0 \cdots ③ \end{cases}$$

①－②より，$2x - 2y = 0$ であるので，$x = y$．これを③に代入して，$x + x - 2 = 0$ が得られ，$x = 1$ となる．これにより，$x = y$ であるので $y = 1$．よって極値をとる候補点は $\underline{(x, y) = (1, 1)}$．

(2)　$f(x, y) = x^2 + 4xy + 4y^2$, $g(x, y) = x^2 + y^2 - 1 = 0$ とおく．$g_x(x, y) = 2x$, $g_y(x, y) = 2y$
であるので，$g_x(x, y) = g_y(x, y) = 0$ と仮定すると $x = y = 0$ となり，これは条件を満たさな
い．よって $g_x(x, y) = g_y(x, y) = 0$ でないのでラグランジュの乗数法を用いることができる．
いま，それぞれの偏導関数は

$$f_x(x, y) = 2x + 4y, \quad f_y(x, y) = 4x + 8y, \quad g_x(x, y) = 2x, \quad g_y(x, y) = 2y$$

であるので，次の連立方程式を解くことにより極値をとる候補点を求めることができる．

$$\begin{cases} 2x + 4y + 2\lambda x = 0 \cdots ① \\ 4x + 8y + 2\lambda y = 0 \cdots ② \\ x^2 + y^2 - 1 = 0 \cdots ③ \end{cases}$$

①より，$x = 0$ とすると $y = 0$ となりこれは条件を満たさない．同様に②より，$y = 0$ とする
と $x = 0$ となりこれも条件を満たさない．よって，$x \neq 0, y \neq 0$ であるので，①，②より

$$\lambda = -\frac{x + 2y}{x}, \lambda = -\frac{2x + 4y}{y}$$

これを等号で結び変形すると

$$2x^2 + 3xy - 2y^2 = 0$$
$$(2x - y)(x + 2y) = 0$$

よって，$2x - y = 0$, $x + 2y = 0$ が得られる．

(i)　$2x - y = 0$ のとき
　　　$y = 2x$ であるので③に代入して

$$x^2 + (2x)^2 - 1 = 0$$
$$5x^2 = 1$$
$$x = \pm\frac{1}{\sqrt{5}}$$

　　　よって，$2x - y = 0$ より，極値をとる候補点は

$$(x, y) = \left(\pm\frac{1}{\sqrt{5}}, \pm\frac{2}{\sqrt{5}}\right) \quad （複号同順）$$

(ii)　$x + 2y = 0$ のとき
　　　$x = -2y$ であるので③に代入して

$$(-2y)^2 + y^2 - 1 = 0$$
$$5y^2 = 1$$
$$y = \pm\frac{1}{\sqrt{5}}$$

　　　よって，$x + 2y = 0$ より，極値をとる候補点は

$$(x, y) = \left(\pm\frac{2}{\sqrt{5}}, \mp\frac{1}{\sqrt{5}}\right) \quad （複号同順）$$

よって，(i), (ii) より，極値をとる候補点は

$$(x, y) = \left(\pm\frac{1}{\sqrt{5}}, \pm\frac{2}{\sqrt{5}}\right), \left(\pm\frac{2}{\sqrt{5}}, \mp\frac{1}{\sqrt{5}}\right) \quad （複号同順）$$

【問 6.4】 ラグランジュの乗数法を用いて，括弧内の条件のもとで極値をとる点の候補を求めよ．

(1)　　$z = x^2 + y^2$　$(y = -x + 1)$

(2)　　$z = x + y$　$(x^2 + y^2 = 1)$

次に最大値・最小値問題を考えてみよう．

【例題 6.5】 括弧内の条件のもとで $f(x, y)$ の最大値・最小値を求めよ．
$$f(x, y) = xy \quad (x^2 + y^2 = 1)$$

［解答］

$f(x, y) = xy, g(x, y) = x^2 + y^2 - 1 = 0$ とおく．$g_x(x, y) = 2x, g_y(x, y) = 2y$ であるので，$g_x(x, y) = g_y(x, y) = 0$ と仮定すると $x = y = 0$ となり，これは条件を満たさない．よって $g_x(x, y) = g_y(x, y) = 0$ でないのでラグランジュの乗数法を用いることができる．いま，それぞれの偏導関数は

$$f_x(x, y) = y, \quad f_y(x, y) = x, \quad g_x(x, y) = 2x, \quad g_y(x, y) = 2y$$

であるので，次の連立方程式を解くことにより極値をとる候補点を求めることができる．

$$\begin{cases} y + 2\lambda x = 0 \cdots ① \\ x + 2\lambda y = 0 \cdots ② \\ x^2 + y^2 - 1 = 0 \cdots ③ \end{cases}$$

② − ①より，

$$(x - y) - 2\lambda(x - y) = 0$$
$$(x - y)(1 - 2\lambda) = 0$$

よって，$x - y = 0$ または $1 - 2\lambda = 0$．

(i)　　$x - y = 0$ のとき

$x = y$ であるので③に代入して

$$x^2 + x^2 - 1 = 0$$
$$2x^2 = 1$$
$$x = \pm \frac{1}{\sqrt{2}}$$

よって，$x = y$ より

$$(x, y) = \left(\pm \frac{1}{\sqrt{2}}, \pm \frac{1}{\sqrt{2}} \right) \quad （複号同順）$$

(ii) $1 - 2\lambda = 0$ のとき

$\lambda = \dfrac{1}{2}$ であるので，①に代入して

$$y + 2 \cdot \frac{1}{2} \cdot x = 0$$
$$y + x = 0$$

よって，$y = -x$ であるので③に代入して

$$x^2 + (-x)^2 - 1 = 0$$
$$2x^2 = 1$$
$$x = \pm \frac{1}{\sqrt{2}}$$

よって，$y = -x$ より

$$(x, y) = \left(\pm \frac{1}{\sqrt{2}}, \mp \frac{1}{\sqrt{2}} \right) \quad (複号同順)$$

$g(x, y) = x^2 + y^2 - 1 = 0$ のもとで点 (x, y) を動かすと，点 (x, y) は右図のような円周上を動く．例えば点 (x, y) が点 $(1, 0)$ から出発して円周上を反時計回りに点 $(1, 0)$ に戻るとすると，$f(x, y)$ の値も $f(1, 0)$ から出発してまた $f(1, 0)$ に戻る．このことから最大値・最小値が存在することが分かる．よって，上で求めた極値をとる点の候補を確かめることにより最大値・最小値を求めることができる．

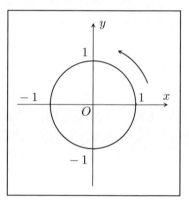

$$f\left(\pm \frac{1}{\sqrt{2}}, \pm \frac{1}{\sqrt{2}} \right) = \left(\pm \frac{1}{\sqrt{2}} \right) \times \left(\pm \frac{1}{\sqrt{2}} \right) = \frac{1}{2}$$

$$f\left(\pm \frac{1}{\sqrt{2}}, \mp \frac{1}{\sqrt{2}} \right) = \left(\pm \frac{1}{\sqrt{2}} \right) \times \left(\mp \frac{1}{\sqrt{2}} \right) = -\frac{1}{2}$$

であるから，

$$\begin{cases} \left(\pm \dfrac{1}{\sqrt{2}}, \pm \dfrac{1}{\sqrt{2}} \right) \text{のとき，最大値} \quad \dfrac{1}{2} \\[3mm] \left(\pm \dfrac{1}{\sqrt{2}}, \mp \dfrac{1}{\sqrt{2}} \right) \text{のとき，最小値} -\dfrac{1}{2} \end{cases}$$

【問 6.5】括弧内の条件のもとで $f(x, y)$ の最大値・最小値を求めよ．

(1) $f(x, y) = x^2 + y^2 - 4x - 2y + 1 \quad (x^2 + y^2 = 1)$

(2) $f(x, y) = x^2 - 4xy - 2y^2 \quad (x^2 + 4y^2 = 4)$

ラグランジュの乗数法は次の例のように3変数以上に拡張して適用することもできる.

【例題6.6】 2辺の長さが x, y の長方形である底面をもつ高さ z の枡（マス）を作る．この枡の表面積（底面積と4つの側面の面積の和．内面の面積や板の厚みは考慮しない．）が常に12であるとき，体積を最大にする x, y, z とそのときの体積を求めよ．

［解答］

表面積が常に12であるので，条件式を

$$g(x, y, z) = xy + 2(yz + zx) - 12 = 0$$

とおける．このとき，体積は xyz であるので，$f(x, y, z) = xyz$ とおいてラグランジュの乗数法を3変数に拡張して用いることを考える.

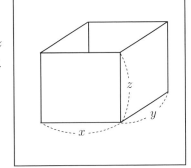

いま，各式の偏導関数は,

$$f_x(x, y, z) = yz, \quad f_y(x, y, z) = xz, \quad f_z(x, y, z) = xy,$$
$$g_x(x, y, z) = y + 2z, \quad g_y(x, y, z) = x + 2z,$$
$$g_z(x, y, z) = 2y + 2x$$

となり，次の連立方程式を解くことにより極値をとる候補点を求めることができる.

$$\begin{cases} yz + \lambda(y + 2z) = 0 \cdots \text{①} \\ xz + \lambda(x + 2z) = 0 \cdots \text{②} \\ xy + \lambda(2x + 2y) = 0 \cdots \text{③} \\ xy + 2(yz + zx) - 12 = 0 \cdots \text{④} \end{cases}$$

①，②，③より，$yz = -\lambda(y + 2z)$, $xz = -\lambda(x + 2z)$, $xy = -\lambda(2x + 2y)$ であるので，④に代入して,

$$-\lambda(2x + 2y) + 2(-\lambda(y + 2z) - \lambda(x + 2z)) - 12 = 0$$
$$\lambda(2x + 2y) + 2(\lambda(y + 2z) + \lambda(x + 2z)) = -12$$
$$4\lambda x + 4\lambda y + 8\lambda z = -12$$
$$\lambda(x + y + 2z) = -3 \quad \cdots \text{(i)}$$

いま，$\lambda = 0$ とすると，等式 (i) を満たさない．よって両辺を λ で割ることができ,

$$x + y + 2z = -\frac{3}{\lambda} \quad \cdots \text{(ii)}$$

また，①より

$$(\lambda + z)y = -2\lambda z$$

いま，$\lambda \neq 0$, $z > 0$ より右辺 $\neq 0$. よって，$\lambda + z \neq 0$ であるので両辺を $\lambda + z$ で割ることができ,

$$y = -\frac{2\lambda z}{\lambda + z}$$

③より,

$$(2\lambda + x)y = -2\lambda x$$

①と同様，いま，$\lambda \neq 0$, $x > 0$ より右辺 $\neq 0$. よって，$2\lambda + x \neq 0$ であるので両辺を $2\lambda + x$ で割ることができ，

$$y = -\frac{2\lambda x}{2\lambda + x}$$

よって，

$$-\frac{2\lambda z}{\lambda + z} = -\frac{2\lambda x}{2\lambda + x}$$

$\lambda \neq 0$ より，

$$\frac{z}{\lambda + z} = \frac{x}{2\lambda + x}$$

$$z(2\lambda + x) = x(\lambda + z)$$

$$2\lambda z + zx = \lambda x + zx$$

$$2\lambda z = \lambda x$$

$$x = 2z$$

同様に②より，

$$(\lambda + z)x = -2\lambda z$$

いま，$\lambda \neq 0$, $z > 0$ より右辺 $\neq 0$. よって，$\lambda + z \neq 0$ であるので両辺を $\lambda + z$ で割ることができ，

$$x = -\frac{2\lambda z}{\lambda + z} = y$$

よって，$x = 2z$, $x = y$ を (ii) に代入して

$$x + x + x = -\frac{3}{\lambda}$$

$$3x = -\frac{3}{\lambda}$$

$$x = -\frac{1}{\lambda}$$

よって，$x = y$, $x = 2z$ より，

$$y = -\frac{1}{\lambda}, z = -\frac{1}{2\lambda}$$

が求まる．よって，④より

$$\left(-\frac{1}{\lambda}\right) \cdot \left(-\frac{1}{\lambda}\right) + 2\left(\left(-\frac{1}{\lambda}\right) \cdot \left(-\frac{1}{2\lambda}\right) + \left(-\frac{1}{2\lambda}\right) \cdot \left(-\frac{1}{\lambda}\right)\right) - 12 = 0$$

$$\frac{1}{\lambda^2} + 2\left(\frac{1}{2\lambda^2} + \frac{1}{2\lambda^2}\right) = 12$$

$$\frac{3}{\lambda^2} = 12$$

$$\lambda^2 = \frac{1}{4}$$

$$\lambda = \pm\frac{1}{2}$$

よって, $x, y, z > 0$ であることと,

$$x = y = -\frac{1}{\lambda}, \, z = -\frac{1}{2\lambda}$$

であることから $(x, y, z) = (2, 2, 1)$ が得られる. よって, $(x, y, z) = (2, 2, 1)$ のとき体積は最大となり, その値は $2 \times 2 \times 1 = 4$ である.

(**注意**:この問題の幾何学的意味は,「表面積 12 の枡の体積の最大値を求める」ということで, 明らかに最大値の存在がいえる. 数学的に考えてみると, $xy + 2(yz + zx) - 12 = 0$ を満たす点 (x, y, z) の集合

$$G = \{(x, y, z) \mid xy + 2(yz + zx) - 12 = 0, \, x > 0, \, y > 0, \, z > 0\}$$

は有界閉集合ではないので, 最大値定理を用いることができない. しかし, $f(x, y, z)$ は G 上で連続であり, かつ, $f(x, y, z) > 0$ であって

$$\lim_{x \to +0, \, (x, y, z) \in G} f(x, y, z) = \lim_{y \to +0, \, (x, y, z) \in G} f(x, y, z) = \lim_{z \to +0, \, (x, y, z) \in G} f(x, y, z) = 0$$

$$\lim_{x \to \infty, \, (x, y, z) \in G} f(x, y, z) = \lim_{y \to \infty, \, (x, y, z) \in G} f(x, y, z) = \lim_{z \to \infty, \, (x, y, z) \in G} f(x, y, z) = 0$$

であるので, G 上で最大値をとることがわかる.)

【**問 6.6**】 次の問いに答えよ.

(1) 　原点から曲線 $-x^2 - 4xy + 2y^2 = -18 \, (y > 0)$ までの最短距離を求めよ. ただし, この曲線上の任意の点と原点との距離に最小値が存在することは既知としてよい.

(2) 　x 軸, y 軸に平行な辺を持ち, 楕円 $\dfrac{x^2}{2} + y^2 = 1$ に内接する長方形を x 軸のまわりに回転して直円柱を作る. このような直円柱のうちで, 表面積が最大になるものを求めよ.

#7. 経済学への応用 2

7.1. 2 変数の効用関数と限界効用

　#4 で紹介した効用関数は 1 つの財に対する効用関数であったが，この節では，2 つの財の組に対する効用関数を考える．ここで，2 つの変数は #4 と同様に正の値をとるものとする．まず，2 つの財の数量が効用に影響を与えるということを一般式で表すと

$$z = u(x, y)$$

となり，代表的な 2 財に対する効用関数は以下のようなものがある．

$$\text{Leontief 型}：z = u(x, y) = \min\{\alpha_1 x, \alpha_2 y\} \ (\alpha_1, \alpha_2 > 0)$$
$$\text{Cobb-Douglas 型}：z = u(x, y) = A x^{\alpha_1} y^{\alpha_2} \ (A > 0, \alpha_1, \alpha_2 > 0)$$
$$\text{CES (constant elasticity of substitution) 型}：z = u(x, y) = (\alpha_1 x^\rho + \alpha_2 y^\rho)^{\frac{1}{\rho}} \ (\alpha_1, \alpha_2 > 0)$$

　さて，ここでは 2 つの財をクッキーと紅茶としたとき，2 つの財の数量と効用との関係を見てみよう．

例 1：クッキーを x 枚，紅茶を y 杯もらった時の効用関数が

$$u(x, y) = x^{\frac{1}{2}} y^{\frac{1}{2}}$$

であるとする．
クッキーを 12 枚，紅茶を 3 杯もらったとき，つまり $(x, y) = (12, 3)$ のとき，その効用は

$$u(12, 3) = 12^{\frac{1}{2}} \cdot 3^{\frac{1}{2}} = 2\sqrt{3} \cdot \sqrt{3} = 6$$

となる．

　例 1 の効用関数は Cobb-Douglas 型であり，そのグラフは 3 次元空間内の曲面となり右図のようになる．図より，例 1 の効用関数は x についても y についても限界効用逓減の法則を満たしていることがわかる．

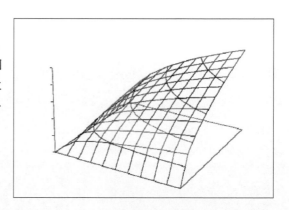

■ 限界効用

　2 財（第 1 財，第 2 財）の場合の限界効用を考えてみよう．限界効用とは「財を 1 単位追加して消費することによる効用の増加分のこと」であったので，2 財の場合は第 1 財，第 2 財についてそれぞれの効用の増加分を計算することになる．この計算は偏微分に相当するので前節までの数学的知識を応用することができる．

【例題 7.1】次の効用関数 $u(x, y)$ について次の問いに答えよ.

$$u(x, y) = x^{\frac{1}{2}} y^{\frac{1}{2}}$$

(1)　$(x, y) = (2, 3)$ における x, y の限界効用をそれぞれ求めよ.

(2)　x について，効用関数 $u(x, y)$ は限界効用逓減の法則を満たしているかどうか判定せよ.

［解答］

(1)　効用関数 $u(x, y)$ の偏導関数を求めると,

$$u_x(x, y) = \frac{1}{2} x^{-\frac{1}{2}} y^{\frac{1}{2}}, \quad u_y(x, y) = \frac{1}{2} x^{\frac{1}{2}} y^{-\frac{1}{2}}$$

となるので，$(x, y) = (2, 3)$ における x, y の限界効用はそれぞれ次のようになる.

$$u_x(2, 3) = \frac{1}{2} 2^{-\frac{1}{2}} 3^{\frac{1}{2}} = \frac{\sqrt{3}}{2\sqrt{2}}, \quad u_y(2, 3) = \frac{1}{2} 2^{\frac{1}{2}} 3^{-\frac{1}{2}} = \frac{\sqrt{2}}{2\sqrt{3}}$$

(2)

> x について，限界効用逓減の法則を満たす $\Leftrightarrow$ 限界効用が減少している
> $\Leftrightarrow u_x(x, y)$ が減少している
> $\Leftrightarrow u_{xx}(x, y) < 0$

上記のことより $u_{xx}(x, y) < 0$ であるかどうかを判定すればよい.

効用関数 $u(x, y)$ の x についての 2 階偏導関数を求めると,

$$u_{xx}(x, y) = \frac{1}{2} \left(-\frac{1}{2} \right) x^{-\frac{3}{2}} y^{\frac{1}{2}} = -\frac{1}{4} x^{-\frac{3}{2}} y^{\frac{1}{2}} = -\frac{\sqrt{y}}{4\sqrt{x^3}} < 0$$

であるので，$u(x, y)$ は x について 限界効用逓減の法則を満たしている.

【問 7.1】次の問いに答えよ.

(1)　効用関数 $u(x, y) = (2x^2 + 3y^2)^{\frac{1}{2}}$ について $(x, y) = (\sqrt{6}, \sqrt{2})$ における x, y の限界効用をそれぞれ求めよ.

(2)　(1) の効用関数 $u(x, y)$ について，x, y のそれぞれについて限界効用逓減の法則を満たしているかどうか判定せよ.

7.2. 無差別曲線

前節の例 1 でクッキーを 12 枚，紅茶を 3 杯もらったときの効用は 6 と求まったが，効用が 6 となるのはこのときのみなのか考えてみよう．例 1 の効用関数より,

$$x^{\frac{1}{2}} y^{\frac{1}{2}} = 6$$

という方程式が作れる．この方程式を満たす (x, y) の組は無数に存在し，自然数解だけでも

$(x, y) = (1, 36),\quad (2, 18),\quad (3, 12),\quad (4, 9),\quad (6, 6),\quad (9, 4),\quad (12, 3),\quad (18, 2),\quad (36, 1)$

の9組が存在することが分かる．つまり，効用6を得るためには必ずしもクッキー12枚，紅茶3杯である必要はなく，クッキー9枚，紅茶4杯であっても同じ効用6が得られる．

ここで，同じ効用が得られる (x, y) の組を xy 平面上にプロットしてできる曲線を**無差別曲線** (indifference curve) という．ここでいう「無差別」とは，同等に好ましい，または，同じ効用が得られるという意味で使われている．

例2：クッキーを x 枚，紅茶を y 杯もらった時の効用関数が

$$u(x, y) = x^{\frac{1}{2}} y^{\frac{1}{2}}$$

であるとする（グラフは図左）．いま，効用が2であるときの無差別曲線は

$$x^{\frac{1}{2}} y^{\frac{1}{2}} = 2 \Leftrightarrow \sqrt{y} = \frac{2}{\sqrt{x}} \Leftrightarrow y = \frac{4}{x}\ (x, y > 0)$$

となり，そのグラフは図右のようになる．

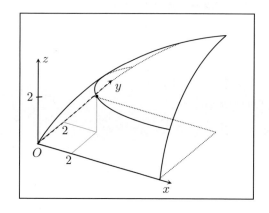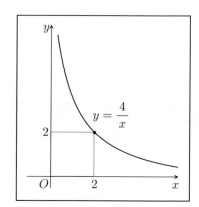

無差別曲線のグラフとは，効用関数をある高さで切ったときの断面を表している．

■ 限界代替率

前述のクッキーと紅茶の例で，クッキーをさらに1枚もらったときに，紅茶を何杯手放してもよいか考えてみよう．

例3：クッキーを x 枚，紅茶を y 杯もらった時の効用関数が

$$u(x, y) = x^{\frac{1}{2}} y^{\frac{1}{2}}$$

であるとする．$(x, y) = (2, 18)$ のときの効用は

$$u(2, 18) = 2^{\frac{1}{2}} \cdot 18^{\frac{1}{2}} = 6$$

であるが，いまクッキーをさらに1枚もらったとき，効用を変えずに紅茶を何杯手放すことができるか計算してみる．効用は6のままクッキーは3枚になったので，紅茶を y 杯とすると，

$$u(3, y) = 3^{\frac{1}{2}} \cdot y^{\frac{1}{2}} = 6$$
$$y^{\frac{1}{2}} = \frac{6}{3^{\frac{1}{2}}} = \frac{36^{\frac{1}{2}}}{3^{\frac{1}{2}}} = 12^{\frac{1}{2}}$$
$$y = 12$$

となる．このことから，クッキーが 2 枚のとき，クッキーが 1 枚増えれば紅茶を 6 杯手放してもよいことが分かる．つまり，クッキーと紅茶についてこの効用関数 $u(x, y)$ を持つ人にとって，クッキーが 2 枚のときさらに増えるクッキー 1 枚は紅茶 6 杯と同じであると考えられる．よって，この交換比率を「紅茶のクッキーに対する代替率」といい，上の例におけるクッキーが 2 枚のときの「紅茶のクッキーに対する代替率」は次の式で定義される．

$$-\frac{\Delta y}{\Delta x} = -\frac{-6}{1} = 6$$

ここで，定義式にマイナスが付いているのは代替率を正の値で表記するためである．また，直観的な「紅茶のクッキーに対する代替率」を図で表すと，図 (A) のようになる．図 (A) の中のグラフは効用が 6 であるときの無差別曲線であり，その関数は

$$x^{\frac{1}{2}} y^{\frac{1}{2}} = 6$$
$$xy = 36$$
$$y = \frac{36}{x}$$

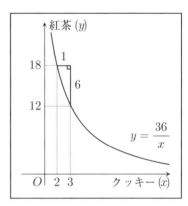

図 (A)

となる．また，このグラフ（図 (A)）から x（クッキー）が 2 から 3 に変化したとき，y（紅茶）は 18 から 12 に変化したことが視覚的に分かる．図の中の直角三角形において，横辺の長さが Δx，縦辺の長さが Δy にあたり，いま横辺を 1 としているので $-\frac{\Delta y}{\Delta x}$ は縦辺の長さそのものである．

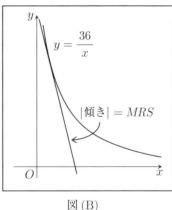

図 (B)

この X 財を 1 単位増やしたときにいくつ Y 財を手放してよいか，という比率を「Y 財の X 財に対する**限界代替率** (marginal rate of substitution)」といい，頭文字をとって **_MRS_** と略記する．ただし，MRS は Δx を微小にとることになるので，厳密には微分を用いて以下のように定義される．

$$MRS = -\lim_{\Delta x \to 0} \frac{\Delta y}{\Delta x} = -\frac{dy}{dx}$$

（**注意**：ここでは数量 x は連続量として扱うため，例3のようにクッキーの枚数で考えたときの代替率と微分を用いて求めた限界代替率の値は一般的に異なるものになる）

また，「紅茶のクッキーに対する限界代替率」を図で表すと，図 (B) における接線の傾きの絶対値となる．

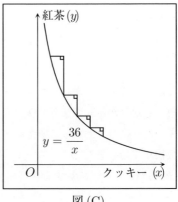

図 (C)

　一般的な無差別曲線は，効用関数に限界効用逓減の法則が成立していれば，上で扱ったような「単調減少」かつ「原点に対し凸」であるような曲線となる．図 (B) のような形状のグラフは「Y 財の X 財（1単位）に対する限界代替率」が逓減していることが分かる．また，図 (C) より「紅茶のクッキー（1枚）に対する限界代替率」を考えてみると，クッキーを1枚増やすたびに手放す紅茶の量は逓減（だんだんと減少）しているのが直観的に理解できる．数学的には「限界代替率の逓減」は，MRS（接線の傾きの絶対値）が減少していることで示すことができる．よって，下の命題が成立する．

$$\frac{d}{dx}MRS < 0 \quad \Leftrightarrow \quad 限界代替率が逓減している$$

【例題 7.2】 次の効用関数 $u(x, y)$ について次の問いに答えよ．

$$u(x, y) = x^{\frac{2}{3}} y^{\frac{1}{3}}$$

(1)　$(x, y) = (2, 3)$ における「y の x に対する限界代替率」を求めよ．

(2)　効用関数 $u(x, y)$ の「y の x に対する限界代替率」は逓減しているかどうか判定せよ．

［解答］

(1)　$F(x, y) = u(x, y) - u(2, 3)$ とおく．

　　$F_x(x, y), F_y(x, y)$ が連続で，かつ，$F_y(x, y) \neq 0$ であるならば，陰関数定理を用いて

$$MRS = -\frac{dy}{dx} = \frac{F_x(x, y)}{F_y(x, y)} = \frac{u_x(x, y)}{u_y(x, y)}$$

と表すことができる．いま，$F(x, y)$ の偏導関数を求めると，

$$F_x(x, y) = u_x(x, y) = \frac{2}{3}x^{-\frac{1}{3}}y^{\frac{1}{3}}, \quad F_y(x, y) = u_y(x, y) = \frac{1}{3}x^{\frac{2}{3}}y^{-\frac{2}{3}}$$

となるので，$F(x, y)$ の偏導関数は連続であることがわかり，$x > 0, y > 0$ のとき $F_y(x, y) \neq 0$ であるので陰関数定理を用いることができ，

$$MRS = \frac{\frac{2}{3}x^{-\frac{1}{3}}y^{\frac{1}{3}}}{\frac{1}{3}x^{\frac{2}{3}}y^{-\frac{2}{3}}} = \frac{2y}{x}$$

となる．よって，$(x, y) = (2, 3)$ における限界代替率は次のようになる．

$$MRS = \frac{2 \cdot 3}{2} = \underline{3}$$

（**注意**：ここでは $F(x, y) = u(x, y) - u(2, 3)$ とおいて MRS を求めたが，計算結果を見れば分かる通り，MRS を求めるときは $F(x, y)$ を定めずに $u(x, y)$ のみで計算が可能である．）

(2)　(1) より，$MRS = \dfrac{2y}{x}$ であるので，x で微分すると，

$$
\begin{aligned}
\frac{d}{dx} MRS &= \frac{d}{dx}\left(\frac{2y}{x}\right) \\
&= 2 \cdot \frac{\dfrac{dy}{dx}x - y \cdot 1}{x^2} \\
&= 2 \cdot \frac{-\dfrac{2y}{x}x - y \cdot 1}{x^2} \\
&= 2 \cdot \frac{-2y - y}{x^2} \\
&= -\frac{6y}{x^2} < 0
\end{aligned}
$$

よって，効用関数 $u(x, y)$ の「y の x に対する限界代替率」は逓減している ことが分かる．

【**問 7.2**】次の問いに答えよ．

(1)　効用関数 $u(x, y) = (2x^3 + y^3)^{\frac{1}{3}}$ について $(x, y) = (2, 3)$ における y の x に対する限界代替率を求めよ．

(2)　(1) の効用関数 $u(x, y)$ について，y の x に対する限界代替率が逓減しているかどうか判定せよ．

7.3. 効用最大化問題

　この節では#4 でも取り扱った効用最大化問題について，ラグランジュの乗数法を用いた解法を学ぶ．

【**例題 7.3**】ある消費者の所得は 30 万円で，効用関数 $u(x, y)$ が以下のように与えられている．
$$
u(x, y) = \left(x^{\frac{1}{2}} + y^{\frac{1}{2}}\right)^2
$$
財 X, Y の 1 単位当たりの価格はそれぞれ 3 万，2 万であるとするとき，この消費者の効用を最大にする財の組を求めよ．ただし，$x > 0, y > 0$ とする．

［解答］
条件より，予算制約式は
$$
3x + 2y \leq 30
$$

と表せるのでこの効用最大化問題は

$$\text{maximize}: u(x, y) = \left(x^{\frac{1}{2}} + y^{\frac{1}{2}} \right)^2$$
$$\text{subject to}: 3x + 2y \leq 30,\ x > 0,\ y > 0$$

と書ける.

いま，予算制約式において等号が成立しない状況で効用が最大化されることはないので，上の定式化は

$$\text{maximize}: u(x, y) = \left(x^{\frac{1}{2}} + y^{\frac{1}{2}} \right)^2 \tag{i}$$
$$\text{subject to}: 3x + 2y = 30,\ x > 0,\ y > 0 \tag{ii}$$

と書ける.

ここで，$f(x, y) = \left(x^{\frac{1}{2}} + y^{\frac{1}{2}} \right)^2$, $g(x, y) = 3x + 2y - 30 = 0$ とおいて，ラグランジュの乗数法を用いる．いま，$g_x(x, y) = 3$, $g_y(x, y) = 2$ であり，$g_x(x, y) = g_y(x, y) = 0$ でないのでラグランジュの乗数法を用いることができる．それぞれの偏導関数は

$$f_x(x, y) = \left(x^{\frac{1}{2}} + y^{\frac{1}{2}} \right) \cdot x^{-\frac{1}{2}},\ f_y(x, y) = \left(x^{\frac{1}{2}} + y^{\frac{1}{2}} \right) \cdot y^{-\frac{1}{2}},\ g_x(x, y) = 3,\ g_y(x, y) = 2$$

であるので，次の連立方程式を解くことにより極値をとる候補点を求めることができる.

$$\begin{cases} \left(x^{\frac{1}{2}} + y^{\frac{1}{2}} \right) \cdot x^{-\frac{1}{2}} + 3\lambda = 0 \cdots ① \\ \left(x^{\frac{1}{2}} + y^{\frac{1}{2}} \right) \cdot y^{-\frac{1}{2}} + 2\lambda = 0 \cdots ② \\ \qquad\qquad 3x + 2y - 30 = 0 \cdots ③ \end{cases}$$

①より，

$$\frac{\sqrt{x} + \sqrt{y}}{\sqrt{x}} + 3\lambda = 0$$

$$1 + \sqrt{\frac{y}{x}} + 3\lambda = 0$$

$$\sqrt{\frac{y}{x}} = -1 - 3\lambda \tag{iii}$$

同様に②より，

$$\sqrt{\frac{x}{y}} = -1 - 2\lambda$$

これらを辺々掛け合わせると，

$$\sqrt{\frac{y}{x}} \cdot \sqrt{\frac{x}{y}} = (-1 - 3\lambda)(-1 - 2\lambda)$$
$$1 = 6\lambda^2 + 5\lambda + 1$$
$$6\lambda^2 + 5\lambda = 0$$
$$\lambda(6\lambda + 5) = 0$$
$$\lambda = 0,\ -\frac{5}{6}$$

ここで，$\lambda = 0$ のとき，① より

$$1 + \sqrt{\frac{y}{x}} = 0$$

$$\sqrt{\frac{y}{x}} = -1$$

となり不適．よって，$\lambda = -\dfrac{5}{6}$ とすると，(iii) より

$$\sqrt{\frac{y}{x}} = -1 + \frac{5}{2} = \frac{3}{2}$$

$$4y = 9x$$

また，③ より

$$3x + 2y - 30 = 0$$

であるので

$$4y = 60 - 6x$$

$4y = 9x$ を代入して

$$9x = 60 - 6x$$
$$15x = 60$$
$$x = 4$$

また，$4y = 9x$ より $y = 9$．

ここで，効用関数の 1 階・2 階偏導関数がそれぞれ

$$u_x(x,\,y) = \left(x^{\frac{1}{2}} + y^{\frac{1}{2}}\right) \cdot x^{-\frac{1}{2}} = \frac{\sqrt{x} + \sqrt{y}}{\sqrt{x}} > 0$$

$$u_{xx}(x,\,y) = \frac{\partial}{\partial x}\left(\frac{\sqrt{x} + \sqrt{y}}{\sqrt{x}}\right) = \frac{\partial}{\partial x}\left(1 + \sqrt{y} \cdot x^{-\frac{1}{2}}\right) = \sqrt{y} \cdot \left(-\frac{1}{2}x^{-\frac{3}{2}}\right) = -\frac{\sqrt{y}}{2x\sqrt{x}} < 0$$

$$u_y(x,\,y) = \left(x^{\frac{1}{2}} + y^{\frac{1}{2}}\right) \cdot y^{-\frac{1}{2}} = \frac{\sqrt{x} + \sqrt{y}}{\sqrt{y}} > 0$$

$$u_{yy}(x,\,y) = \frac{\partial}{\partial y}\left(\frac{\sqrt{x} + \sqrt{y}}{\sqrt{y}}\right) = \frac{\partial}{\partial y}\left(\sqrt{x} \cdot y^{-\frac{1}{2}} + 1\right) = \sqrt{x} \cdot \left(-\frac{1}{2}y^{-\frac{3}{2}}\right) = -\frac{\sqrt{x}}{2y\sqrt{y}} < 0$$

であることより，効用関数は限界効用逓減の法則を満たす．よって，効用を最大化する財の組がただ 1 組存在し，その財の組は $\underline{(x,\,y) = (4,\,9)}$．

■「限界効用逓減の法則を満たす効用関数に対し，予算制約式内で効用を最大化する財の組はただ1組存在する」ことの説明

限界効用逓減の法則を満たす効用関数 $u(x, y)$ は効用水準が上がるほど無差別曲線は原点から遠ざかる．

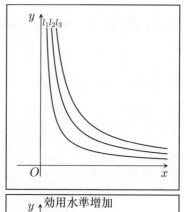

例：$u(x, y) = xy$ の場合，

$$l_1 : u(x, y) = 1, \ l_2 : u(x, y) = 2, \ l_3 : u(x, y) = 3$$

のように効用水準を上げていくと，それぞれの曲線の関数は

$$l_1 : y = \frac{1}{x}, \quad l_2 : y = \frac{2}{x}, \quad l_3 : y = \frac{3}{x}$$

となり，グラフは右図のようになる．

今，予算線は直線であるので，予算制約式を満たしながら効用水準を上げていくと予算線と無差別曲線が接しているときに最大効用となることが分かり，その点はただ1点であることが分かる．

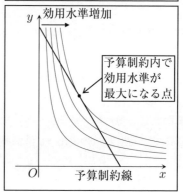

【問 7.3】ある消費者の所得は A 万円である．効用関数 $u(x, y)$ が次のように与えられ，財 X, Y の1単位当たりの価格はそれぞれ B 万，C 万であるとするとき，この消費者の効用を最大にする財の組を求めよ．ただし，$x > 0, y > 0$ とする．

(1)　$u(x, y) = x^{\frac{1}{3}} y^{\frac{1}{2}}$, $A = 10000, B = 400, C = 500$

(2)　$u(x, y) = (x^{\frac{1}{3}} + 3y^{\frac{1}{3}})^3$, $A = 132, B = 3, C = 4$

第2章

問題解答詳細

#0. 復習

0.1. 集合と論理

【問 0.1】

(1)   外延的記法：$\underline{A = \{1,\,2,\,3,\,4\}}$, 内包的記法：$\underline{A = \{n \mid x \in \boldsymbol{N},\, n \leq 4\}}$

(2) $a^2 + a - 6 \leq 0$ より，

$$(a+3)(a-2) \leq 0$$

$$-3 \leq a \leq 2$$

よって，これをみたす整数 $a\,(a \in \boldsymbol{Z})$ は $-3,\,-2,\,-1,\,0,\,1,\,2$ であるので

$$\underline{B = \{-3,\,-2,\,-1,\,0,\,1,\,2\}}$$

(3) $C = \{\,x \mid x \in \boldsymbol{R},\, -10 < x \leq 13\,\}$

(4) $D = \{(x, y) \mid x \in \boldsymbol{R},\, y \in \boldsymbol{R},\, x^2 + y^2 \leq 16\,\}$

【問 0.2】

(1)   <u>真</u>

「$x + y \geq 0$ ならば，$x \geq 0$ または $y \geq 0$」の対偶を考えると，「$x < 0$ かつ $y < 0$ ならば，$x + y < 0$」であるのでこの命題は真であることが分かる.

(2)   <u>偽</u>

反例：$a = 1,\, b = 4$ とすると，

$$(\text{左辺}) = \sqrt{1 + 4 - 2\sqrt{1 \cdot 4}} = \sqrt{5 - 2\sqrt{4}} = \sqrt{5 - 2 \cdot 2} = \sqrt{5 - 4} = \sqrt{1} = 1$$
$$(\text{右辺}) = \sqrt{1} - \sqrt{4} = 1 - 2 = -1$$

よって，$(\text{左辺}) \neq (\text{右辺})$.

(3)   <u>真</u>

$a^2 + b^2 \leq 1,\, \sqrt{a} + \sqrt{b} \leq 1$ の表す領域はそれぞれ図 (A)，図 (B) のようになるので，

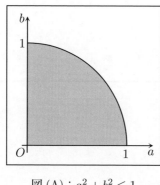 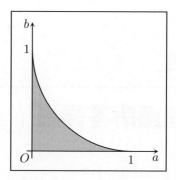

図 (A)：$a^2 + b^2 \leq 1$　　　　図 (B)：$\sqrt{a} + \sqrt{b} \leq 1$

$\sqrt{a} + \sqrt{b} \leq 1$ ならば，$a^2 + b^2 \leq 1$ は常に成立する．

【問 0.3】

(1)　　②

「$x = 2$ ならば，$|x + 2| = 4$」は真，「$|x + 2| = 4$ ならば，$x = 2$」は偽であるので，「$x = 2$」は「$|x + 2| = 4$」であるための十分条件である（必要条件ではない）．

(2)　　④

「$a^2 - b^2 < 0$ ならば，$a < b$」は偽（反例：$a = 0, b = -1$），「$a < b$ ならば，$a^2 - b^2 < 0$」は偽（反例：$a = -1, b = 0$）であるので，「$a^2 - b^2 < 0$」は「$a < b$」であるための必要条件でも十分条件でもない．

(3)　　①

$$x^2 - 4x - 5 \leq 0 \quad \Leftrightarrow \quad (x - 5)(x + 1) \leq 0 \quad \Leftrightarrow \quad -1 \leq x \leq 5$$
$$x^2 - 8x + 15 < 0 \quad \Leftrightarrow \quad (x - 5)(x - 3) < 0 \quad \Leftrightarrow \quad 3 < x < 5$$

より，「$x^2 - 4x - 5 \leq 0$ ならば，$x^2 - 8x + 15 < 0$」は偽（反例：$x = 1$），「$x^2 - 8x + 15 < 0$ ならば，$x^2 - 4x - 5 \leq 0$」は真であるので，「$x^2 - 4x - 5 \leq 0$」は，「$x^2 - 8x + 15 < 0$」であるための必要条件である（十分条件ではない）．

0.2. 区間・関数

【問 0.4】

(1)　$f(x) = x^2 - 3x + 3$ より，

$$f(-2) = (-2)^2 - 3(-2) + 3 = 4 + 6 + 3 = \underline{13}$$
$$f(2) = 2^2 - 3 \cdot 2 + 3 = 4 - 6 + 3 = \underline{1}$$

(2)　$f(x) = x^2 - 3x + 3$ より，平方完成すると

$$f(x) = \left(x - \frac{3}{2}\right)^2 - \frac{9}{4} + 3$$
$$= \left(x - \frac{3}{2}\right)^2 + \frac{3}{4}$$

よって，2次関数

$$y = \left(x - \frac{3}{2}\right)^2 + \frac{3}{4}$$

のグラフは頂点 $\left(\dfrac{3}{2}, \dfrac{3}{4}\right)$，下に凸のグラフであることが分かる．
$-3 \leq x < 5$ でグラフを描くと図のようになり，図より値域は
$f\left(\dfrac{3}{2}\right) \leq y \leq f(-3)$ であることが分かるので，値域は $\left[\dfrac{3}{4}, 21\right]$．

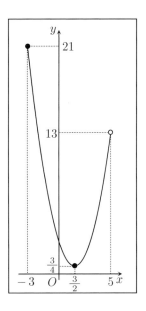

【問 0.5】

(1)　$f(x) = x^2, g(x) = \log_2(x+1)$ より，

$$(f \circ g)(x) = f(g(x))$$
$$= f(\log_2(x+1))$$
$$= \underline{(\log_2(x+1))^2}$$
$$(g \circ f)(x) = g(f(x))$$
$$= g(x^2)$$
$$= \underline{\log_2(x^2+1)}$$

(2)　$f(x) = 1 + \dfrac{1}{x-1}$ より，

$$(f \circ f)(x) = f\left(1 + \frac{1}{x-1}\right)$$
$$= 1 + \frac{1}{\left(1 + \dfrac{1}{x-1}\right) - 1}$$
$$= 1 + \frac{1}{\dfrac{1}{x-1}}$$
$$= 1 + x - 1$$
$$= x$$

よって，方程式 $(f \circ f)(x) = f(x)$ は下のようになる．

$$x = 1 + \frac{1}{x-1}$$

これを解くと，

$$x - 1 = \frac{1}{x - 1}$$
$$(x - 1)^2 = 1$$
$$(x - 1)^2 - 1 = 0$$
$$\{(x - 1) + 1\}\{(x - 1) - 1\} = 0$$
$$x(x - 2) = 0$$

よって方程式の解は，$\underline{x = 0,\ 2}$.

0.3. 関数の極限

【問 0.6】

(1) $\displaystyle\lim_{x \to 1} \frac{x + 3}{x - 3} = \frac{1 + 3}{1 - 3}$
$$= \frac{4}{-2}$$
$$= \underline{-2}$$

(2) $\displaystyle\lim_{x \to 2} \frac{x^2 - 4}{x - 2} = \lim_{x \to 2} \frac{(x - 2)(x + 2)}{x - 2}$
$$= \lim_{x \to 2}(x + 2)$$
$$= 2 + 2$$
$$= \underline{4}$$

(3) $\displaystyle\lim_{x \to -3} \frac{x^2 + x - 6}{x^2 + 5x + 6} = \lim_{x \to -3} \frac{(x + 3)(x - 2)}{(x + 3)(x + 2)}$
$$= \lim_{x \to -3} \frac{x - 2}{x + 2}$$
$$= \frac{-3 - 2}{-3 + 2}$$
$$= \frac{-5}{-1}$$
$$= \underline{5}$$

(4) $\displaystyle\lim_{x \to \infty} \frac{x^2 + 3x + 6}{2x^2 - x + 1} = \lim_{x \to \infty} \frac{x^2 + 3x + 6}{2x^2 - x + 1} \cdot \frac{\dfrac{1}{x^2}}{\dfrac{1}{x^2}}$
$$= \lim_{x \to \infty} \frac{1 + \dfrac{3}{x} + \dfrac{6}{x^2}}{2 - \dfrac{1}{x} + \dfrac{1}{x^2}}$$
$$= \underline{\frac{1}{2}}$$

(5)　$\displaystyle\lim_{x\to-\infty}\frac{x-5}{3x^2+2x+4}=\lim_{x\to-\infty}\frac{x-5}{3x^2+2x+4}\cdot\frac{\dfrac{1}{x^2}}{\dfrac{1}{x^2}}$

$\displaystyle\qquad\qquad=\lim_{x\to-\infty}\frac{\dfrac{1}{x}-\dfrac{5}{x^2}}{3+\dfrac{2}{x}+\dfrac{4}{x^2}}$

$\displaystyle\qquad\qquad=\frac{0}{3}$

$\displaystyle\qquad\qquad=\underline{0}$

(6)　$\displaystyle\lim_{x\to-3}\frac{5}{x^2+6x+9}=\lim_{x\to-3}\frac{5}{(x+3)^2}$

$\displaystyle\qquad\qquad=\underline{\infty}$

【問 0.7】

(1)　$\displaystyle\lim_{x\to-0}\frac{|x|(x-2)}{x}=\lim_{x\to-0}\frac{-x(x-2)}{x}$

$\displaystyle\qquad\qquad=\lim_{x\to-0}\{-(x-2)\}$

$\displaystyle\qquad\qquad=\underline{2}$

(2)　$\displaystyle\lim_{x\to-2-0}\frac{[x]}{x}=\frac{-3}{-2}$

$\displaystyle\qquad\qquad=\underline{\frac{3}{2}}$

【問 0.8】

(1)　$\displaystyle\lim_{x\to-0}f(x),\ \lim_{x\to+0}f(x),\ f(0)$ をそれぞれ計算すると，

$$\lim_{x\to-0}f(x)=\lim_{x\to-0}(x+1)=1$$
$$\lim_{x\to+0}f(x)=\lim_{x\to+0}x=0$$
$$f(0)=\frac{1}{2}$$

であるので，$\displaystyle\lim_{x\to-0}f(x)\neq\lim_{x\to+0}f(x)$ より $\displaystyle\lim_{x\to-0}f(x)$ は存在しない．
よって，<u>関数 $f(x)$ は $x=0$ において連続ではない</u>．

(2)　$\displaystyle\lim_{x\to-0}f(x),\ \lim_{x\to+0}f(x),\ f(0)$ をそれぞれ計算すると，

$$\lim_{x\to-0}f(x)=\lim_{x\to-0}(3x-[x])=0-(-1)=1$$
$$\lim_{x\to+0}f(x)=\lim_{x\to+0}(3x-[x])=0-0=0$$
$$f(0)=0-0=0$$

であるので，$\displaystyle\lim_{x\to-0}f(x)\neq\lim_{x\to+0}f(x)$ より $\displaystyle\lim_{x\to0}f(x)$ は存在しない．
よって，<u>関数 $f(x)$ は $x=0$ において連続ではない</u>．

#1. 微分係数・導関数

1.1. 微分係数

【問 1.1】

(1)　$\lim\limits_{h \to -0} \dfrac{f(h) - f(0)}{h}$, $\lim\limits_{h \to +0} \dfrac{f(h) - f(0)}{h}$ をそれぞれ計算すると，

$$\lim_{h \to -0} \frac{f(h) - f(0)}{h} = \lim_{h \to -0} \frac{|h|(h-2)}{h} = \lim_{h \to -0} \frac{-h(h-2)}{h} = \lim_{h \to -0}\{-(h-2)\} = 2$$

$$\lim_{h \to +0} \frac{f(h) - f(0)}{h} = \lim_{h \to +0} \frac{|h|(h-2)}{h} = \lim_{h \to +0} \frac{h(h-2)}{h} = \lim_{h \to +0}(h-2) = -2$$

であるので，$\lim\limits_{h \to 0} \dfrac{f(h) - f(0)}{h}$ は存在しない.

よって，関数 $f(x)$ は $x = 0$ において微分可能ではない.

(2)　$\lim\limits_{h \to 0} \dfrac{f(-1+h) - f(-1)}{h}$ を計算すると，

$$\begin{aligned}
\lim_{h \to 0} \frac{f(-1+h) - f(-1)}{h} &= \lim_{h \to 0} \frac{(-1+h)(-1+h-1) - (-1)(-1-1)}{h} \\
&= \lim_{h \to 0} \frac{(h-1)(h-2) - 2}{h} \\
&= \lim_{h \to 0} \frac{h^2 - 3h + 2 - 2}{h} \\
&= \lim_{h \to 0} \frac{h^2 - 3h}{h} \\
&= \lim_{h \to 0}(h - 3) \\
&= -3
\end{aligned}$$

よって，関数 $f(x)$ は $x = -1$ において微分可能であることが分かり，$f'(-1) = -3$.

1.2. 導関数

【問 1.2】

(1)　$\begin{aligned}[t] f'(x) &= (2x^3 + 3x^2 - 4x + 2)' \\ &= 6x^2 + 6x - 4 \end{aligned}$

(2)　$\begin{aligned}[t] f'(x) &= \{x(x+2)(x^2-1)\}' \\ &= (x^4 + 2x^3 - x^2 - 2x)' \\ &= 4x^3 + 6x^2 - 2x - 2 \end{aligned}$

1.3. 指数関数・対数関数の導関数

【問 1.3】　(1) $f'(x) = 3e^x + \dfrac{4}{x}$

#2. 微分公式

2.1. 積・商・合成関数の導関数

【問 2.1】

(1)　$\begin{aligned}[t] f'(x) &= 2x(x^2 + 3x) + (x^2 - 1)(2x + 3) \\ &= 2x^3 + 6x^2 + 2x^3 + 3x^2 - 2x - 3 \\ &= \underline{4x^3 + 9x^2 - 2x - 3} \end{aligned}$

(2)　$\begin{aligned}[t] f'(x) &= (x+2)(x-3) + (x-1)(x-3) + (x-1)(x+2) \\ &= x^2 - x - 6 + x^2 - 4x + 3 + x^2 + x - 2 \\ &= \underline{3x^2 - 4x - 5} \end{aligned}$

　　（注意：$(fgh)' = (fg)'h + fgh' = (f'g + fg')h + fgh' = f'gh + fg'h + fgh'$）

(3)　$\begin{aligned}[t] f'(x) &= \frac{2(x+1) - 2x \cdot 1}{(x+1)^2} \\ &= \underline{\frac{2}{(x+1)^2}} \end{aligned}$

(4)　$\begin{aligned}[t] f'(x) &= \frac{2x(x-2) - (x^2+5) \cdot 1}{(x-2)^2} \\ &= \frac{2x^2 - 4x - x^2 - 5}{(x-2)^2} \\ &= \frac{x^2 - 4x - 5}{(x-2)^2} \\ &= \underline{\frac{(x+1)(x-5)}{(x-2)^2}} \end{aligned}$

(4)（別解）

$\begin{aligned}[t] f'(x) &= \left\{ (x+2) + \frac{9}{x-2} \right\}' \\ &= 1 - \frac{9}{(x-2)^2} \\ &= \frac{(x-2)^2 - 3^2}{(x-2)^2} \\ &= \frac{\{(x-2)+3\}\{(x-2)-3\}}{(x-2)^2} \\ &= \underline{\frac{(x+1)(x-5)}{(x-2)^2}} \end{aligned}$

（参考：仮分数から帯分数へ）

$$\frac{39}{7} \quad \Rightarrow \quad 7\overline{)39} \quad \Rightarrow \quad ⑤ + \frac{\boxed{4}}{7}$$

商　⑤　　余り　$\boxed{4}$　　$\underline{35}$

【問 2.2】

(1)　$\begin{aligned}f'(x) &= 10(x^2-1)^9 \cdot 2x \\ &= \underline{20x(x^2-1)^9}\end{aligned}$

(2)　$\begin{aligned}f'(x) &= 5(x^2+1)^4 \cdot 2x \cdot (x^3-2)^6 + (x^2+1)^5 \cdot 6(x^3-2)^5 \cdot 3x^2 \\ &= 2x(x^2+1)^4(x^2+1)^5\{5(x^3-2)+(x^2+1)\cdot 9x\} \\ &= \underline{2x(x^2+1)^4(x^2+1)^5\{14x^3+9x-10\}}\end{aligned}$

(3)　$\begin{aligned}f'(x) &= \frac{2x \cdot (3x^2+1)^2 - x^2 \cdot 2(3x^2+1) \cdot 6x}{(3x^2+1)^4} \\ &= \frac{2x(3x^2+1)\{(3x^2+1)-6x^2\}}{(3x^2+1)^4} \\ &= \frac{2x(1-3x^2)}{(3x^2+1)^3} \\ &= \underline{-\frac{2x(3x^2-1)}{(3x^2+1)^3}}\end{aligned}$

(4)　$\begin{aligned}f'(x) &= 8\left(\frac{2x^2}{x+1}\right)^7 \cdot \frac{4x(x+1)-2x^2 \cdot 1}{(x+1)^2} \\ &= 8\left(\frac{2x^2}{x+1}\right)^7 \cdot \frac{2x^2+4x}{(x+1)^2} \\ &= 8\left(\frac{2x^2}{x+1}\right)^7 \cdot \frac{2x(x+2)}{(x+1)^2} \\ &= \frac{2^4 x \cdot (2x^2)^7(x+2)}{(x+1)^7(x+1)^2} \\ &= \frac{2^4 x \cdot (2x^2)^7(x+2)}{(x+1)^9} \\ &= \frac{2^4 x \cdot 2^7 x^{14}(x+2)}{(x+1)^9} \\ &= \frac{2^{11} x^{15}(x+2)}{(x+1)^9}\end{aligned}$

ここで，$2^{10}=1024$ より，$2^{11}=2048$ であるので，

$$= \underline{\frac{2048x^{15}(x+2)}{(x+1)^9}}$$

【問 2.3】

(1)　$f'(x) = \underline{3e^{3x}}$

(2)　$\begin{aligned}f'(x) &= e^{4x^2} \cdot (4x^2)' \\ &= \underline{8xe^{4x^2}}\end{aligned}$

(3)　$\begin{aligned}f'(x) &= \frac{a^{2x} \cdot \log a \cdot (2x)'(x+2) - a^{2x} \cdot (x+2)'}{(x+2)^2} \\ &= \frac{2(x+2)a^{2x}\log a - a^{2x}}{(x+2)^2} \\ &= \underline{\frac{\{2(x+2)\log a - 1\}a^{2x}}{(x+2)^2}}\end{aligned}$

(4)
$$f'(x) = \frac{(a^x-1)'(a^{-x}+1)-(a^x-1)(a^{-x}+1)'}{(a^{-x}+1)^2}$$
$$= \frac{a^x\log a(a^{-x}+1)-(a^x-1)a^{-x}\log a\cdot(-x)'}{(a^{-x}+1)^2}$$
$$= \frac{a^x(a^{-x}+1)\log a+(a^x-1)a^{-x}\log a}{(a^{-x}+1)^2}$$
$$= \frac{(1+a^x+1-a^{-x})\log a}{(a^{-x}+1)^2}$$
$$= \frac{(a^x+2-a^{-x})\log a}{(a^{-x}+1)^2}$$

【問 2.4】

(1)
$$f'(x) = \frac{(x^3+x)'}{(x^3+x)^2}$$
$$= \frac{3x^2+1}{(x^3+x)^2}$$

(2)
$$f'(x) = \frac{\left(\dfrac{x-2}{3x+2}\right)'}{\dfrac{x-2}{3x+2}}$$
$$= \frac{\dfrac{1\cdot(3x+2)-(x-2)\cdot3}{(3x+2)^2}}{\dfrac{x-2}{3x+2}}$$
$$= \frac{\dfrac{3x+2-3x+6}{(3x+2)^2}}{\dfrac{x-2}{3x+2}}$$
$$= \frac{\dfrac{8}{(3x+2)^2}}{\dfrac{x-2}{3x+2}}$$
$$= \frac{8}{(x-2)(3x+2)}$$

(2)（別解）
$$f'(x) = (\log(x-2)-\log(3x+2))'$$
$$= \frac{1}{x-2}-\frac{3}{3x+2}$$
$$= \frac{(3x+2)-3(x-2)}{(x-2)(3x+2)}$$
$$= \frac{3x+2-3x+6}{(x-2)(3x+2)}$$
$$= \frac{8}{(x-2)(3x+2)}$$

(3)　$\displaystyle f'(x) = \frac{(x + \sqrt{x^2+1})'}{x + \sqrt{x^2+1}}$

$\displaystyle \qquad = \frac{1 + \left\{(x^2+1)^{\frac{1}{2}}\right\}'}{x + \sqrt{x^2+1}}$

$\displaystyle \qquad = \frac{1 + \frac{1}{2}(x^2+1)^{-\frac{1}{2}} \cdot 2x}{x + \sqrt{x^2+1}}$

$\displaystyle \qquad = \frac{1 + \dfrac{x}{\sqrt{x^2+1}}}{x + \sqrt{x^2+1}}$

$\displaystyle \qquad = \frac{\dfrac{\sqrt{x^2+1} + x}{\sqrt{x^2+1}}}{x + \sqrt{x^2+1}}$

$\displaystyle \qquad = \frac{1}{\sqrt{x^2+1}}$

(4)　$\displaystyle f'(x) = 3(\log x)^2 \cdot (\log x)'$

$\displaystyle \qquad = \frac{3(\log x)^2}{x}$

#3. グラフの概形

3.1. 高階導関数

【問 3.1】

(1) $\quad f'(x) = \left\{ (x^2+1)^{\frac{1}{2}} \right\}'$

$\qquad = \dfrac{1}{2}(x^2+1)^{-\frac{1}{2}} \cdot 2x$

$\qquad = x(x^2+1)^{-\frac{1}{2}} \quad \left(\text{または,} \ \dfrac{x}{\sqrt{x^2+1}} \right)$

$\quad f''(x) = \left\{ x(x^2+1)^{-\frac{1}{2}} \right\}'$

$\qquad = (x^2+1)^{-\frac{1}{2}} + x \cdot -\dfrac{1}{2}(x^2+1)^{-\frac{3}{2}} \cdot 2x$

$\qquad = (x^2+1)^{-\frac{3}{2}} \{ (x^2+1) - x^2 \}$

$\qquad = (x^2+1)^{-\frac{3}{2}}$

$\qquad = \dfrac{1}{\sqrt{x^2+1}^3}$

または,

$\quad f''(x) = \left\{ \dfrac{x}{\sqrt{x^2+1}} \right\}'$

$\qquad = \dfrac{\sqrt{x^2+1} - x \cdot \dfrac{2x}{2\sqrt{x^2+1}}}{x^2+1}$

$\qquad = \dfrac{\sqrt{x^2+1} - \dfrac{x^2}{\sqrt{x^2+1}}}{x^2+1}$

分母分子に $\sqrt{x^2+1}$ をかけて,

$\qquad = \dfrac{x^2+1-x^2}{(x^2+1)\sqrt{x^2+1}}$

$\qquad = \dfrac{1}{\sqrt{x^2+1}^3}$

(2) $\quad f'(x) = 2x\log x + x^2 \cdot \dfrac{1}{x}$

$\qquad = 2x\log x + x$

$\qquad = \underline{x(1 + 2\log x)}$

$\quad f''(x) = \{ x(1+2\log x) \}'$

$\qquad = 1 + 2\log x + x\left(\dfrac{2}{x} \right)$

$\qquad = \underline{3 + 2\log x}$

(3)　$f'(x) = \underline{2xe^{x^2}}$

$$f''(x) = \{2xe^{x^2}\}'$$
$$= 2\{xe^{x^2}\}'$$
$$= 2\left(e^{x^2} + x \cdot 2xe^2\right)$$
$$= \underline{2(2x^2 + 1)e^{x^2}}$$

(4)　$f'(x) = 2\log x \cdot \dfrac{1}{x}$

$$= \dfrac{2\log x}{x}$$
$$f''(x) = 2\left\{\dfrac{\log x}{x}\right\}'$$
$$= 2\left(\dfrac{\dfrac{1}{x} \cdot x - \log x \cdot 1}{x^2}\right)$$
$$= \dfrac{2(1 - \log x)}{x^2}$$

3.2. 関数の増減と極値

【問 3.2】

(1)　$f'(x) = 3x^2 + 4x + 1$
$$= (3x + 1)(x + 1)$$

より，$f'(x) = 0$ として極値の候補となる点の x 座標を求めると，

$$x = \underline{-1, \ -\dfrac{1}{3}}$$

(2)　（最初に，定義域が $3 - x^2 \geq 0$, つまり $-\sqrt{3} \leq x \leq \sqrt{3}$ であることに注意すること）

$$f'(x) = \sqrt{3 - x^2} + x \cdot \dfrac{-2x}{2\sqrt{3 - x^2}}$$
$$= \sqrt{3 - x^2} - \dfrac{x^2}{\sqrt{3 - x^2}}$$
$$= \dfrac{(3 - x^2) - x^2}{\sqrt{3 - x^2}}$$
$$= \dfrac{(3 - x^2) - x^2}{\sqrt{3 - x^2}}$$
$$= \dfrac{3 - 2x^2}{\sqrt{3 - x^2}}$$
$$= \dfrac{2\left(\dfrac{3}{2} - x^2\right)}{\sqrt{3 - x^2}}$$

より，$f'(x) = 0$ として極値の候補となる点の x 座標を求めると，

$$x = \pm\sqrt{\frac{3}{2}}$$

(3)　$\begin{aligned} f'(x) &= e^{-x} + x \cdot (-e^{-x}) \\ &= e^{-x}(1 - x) \end{aligned}$

より，$f'(x) = 0$ として極値の候補となる点の x 座標を求めると，

$$x = \underline{1}$$

(4)　$\begin{aligned} f'(x) &= \log x + x \cdot \frac{1}{x} \\ &= 1 + \log x \end{aligned}$

より，$f'(x) = 0$ として極値の候補となる点の x 座標を求めると，

$$x = \underline{e^{-1}}$$

3.3. 関数の凹凸と変曲点

【問 3.3】

(1)　$\begin{aligned} f'(x) &= 4x^3 - 12x^2 + 16 \\ &= 4(x^3 - 3x^2 + 4) \\ f''(x) &= 4(3x^2 - 6x) \\ &= 12x(x - 2) \end{aligned}$

より，$f''(x) = 0$ として変曲点の候補となる点の x 座標を求めると，

$$x = \underline{0,\ 2}$$

(2)　$\begin{aligned} f'(x) &= 4x^3 - 12x - 8 \\ &= 4(x^3 - 3x - 2) \\ f''(x) &= 4(3x^2 - 3) \\ &= 12(x^2 - 1) \end{aligned}$

より，$f''(x) = 0$ として変曲点の候補となる点の x 座標を求めると，

$$x = \underline{\pm 1}$$

(3)　$\begin{aligned} f(x) &= e^{-x^2} + x\left(-2xe^{-x^2}\right) \\ &= (1 - 2x^2)e^{-x^2} \\ f''(x) &= -4xe^{-x^2} + (1 - 2x^2)(-2x)e^{-x^2} \\ &= -2x(2 + 1 - 2x^2)e^{-x^2} \\ &= -2x(3 - 2x^2)e^{-x^2} \end{aligned}$

より，$f''(x) = 0$ として変曲点の候補となる点の x 座標を求めると，

$$x = \underline{0,\ \pm\sqrt{\frac{3}{2}}}$$

(4)（最初に真数条件より $x + \sqrt{x^2 + 2} > 0$ であることを意識しておく.）

$$f'(x) = \frac{1 + \dfrac{2x}{2\sqrt{x^2+2}}}{x + \sqrt{x^2+2}}$$

$$= \frac{\dfrac{(\sqrt{x^2+2} + x)}{\sqrt{x^2+2}}}{x + \sqrt{x^2+2}}$$

$$= \frac{\sqrt{x^2+2} + x}{(x + \sqrt{x^2+2})\sqrt{x^2+2}}$$

$$= \frac{1}{\sqrt{x^2+2}}$$

$$f''(x) = \left(\frac{1}{\sqrt{x^2+2}}\right)'$$

$$= \frac{-\dfrac{2x}{2\sqrt{x^2+2}}}{x^2+2}$$

$$= \frac{-x}{(x^2+2)\sqrt{x^2+2}}$$

より，$f''(x) = 0$ とすると $x = 0$ となり，これは $x + \sqrt{x^2+2} > 0$ を満たす.

よって，極値の候補となる点の x 座標を求めると，

$$x = \underline{0}$$

3.4. グラフの概形

【問 3.4】

(1) 　$f'(x) = 3x^2 - 6x$
　　　　　$= 3x(x - 2)$
　　$f'(x) = 0$ とすると, $x = 0, 2$.
　　$f''(x) = 6x - 6$
　　　　　$= 6(x - 1)$

より，$f''(x) = 0$ とすると, $x = 1$.

よって，増減・凹凸表を作ると次のようになる.

x	$\cdots$	0	$\cdots$	1	$\cdots$	2	$\cdots$
$f'(x)$	+	0	−	−	−	0	+
$f''(x)$	−	−	−	0	+	+	+
$f(x)$	⤴	2	⤵	0	⤸	−2	⤴

$f(x) = 0$ とすると,

$$x^3 - 3x^2 + 2 = 0$$
$$(x - 1)(x^2 - 2x - 2) = 0$$
$$x = 1, 1 \pm \sqrt{3} \ (x \text{軸との交点})$$

さらに

$$\lim_{x \to \infty} f(x) = \infty, \ \lim_{x \to -\infty} f(x) = -\infty$$

より，グラフは右図のようになる.

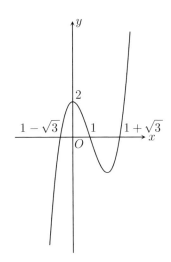

(2)　$f'(x) = 4x^3 - 4x$
　　　　　$= 4x(x^2 - 1)$
　　$f'(x) = 0$ とすると, $x = 0, \pm 1$.
　　$f''(x) = 12x^2 - 4$
　　　　　$= 4(3x^2 - 1)$

より，$f''(x) = 0$ とすると，$x = \pm\dfrac{1}{\sqrt{3}}$.

よって，増減・凹凸表を作ると次のようになる.

x	$\cdots$	-1	$\cdots$	$-\dfrac{1}{\sqrt{3}}$	$\cdots$	0	$\cdots$	$\dfrac{1}{\sqrt{3}}$	$\cdots$	1	$\cdots$
$f'(x)$	$-$	0	$+$	$+$	$+$	0	$-$	$-$	$-$	0	$+$
$f''(x)$	$+$	$+$	$+$	0	$-$	$-$	$-$	0	$+$	$+$	$+$
$f(x)$	$\searrow$	0	$\nearrow$	$\dfrac{4}{9}$	$\curvearrowleft$	1	$\searrow$	$\dfrac{4}{9}$	$\searrow$	0	$\nearrow$

$f(x) = 0$ とすると,

$$x^4 - 2x^2 + 1 = 0$$
$$(x^2 - 1)^2 = 0$$
$$x = \pm 1 \ (x \text{軸との交点})$$

さらに

$$\lim_{x \to \infty} f(x) = \infty, \ \lim_{x \to -\infty} f(x) = \infty$$

より，グラフは右図のようになる.

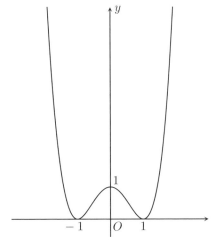

(3)（最初に定義域の確認をしておく）

分母 $\neq 0$ より，$x \neq \pm 1$.

$$f'(x) = -\frac{2x}{(x^2-1)^2}$$

$f'(x) = 0$ とすると，$x = 0$.

$$
\begin{aligned}
f''(x) &= -2\left\{\frac{x}{(x^2-1)^2}\right\}' \\
&= -2\left\{\frac{(x^2-1)^2 - x\cdot 2(x^2-1)\cdot 2x}{(x^2-1)^4}\right\} \\
&= -2\left\{\frac{(x^2-1) - 4x^2}{(x^2-1)^3}\right\} \\
&= -2\left\{\frac{-3x^2-1}{(x^2-1)^3}\right\} \\
&= 2\left\{\frac{3x^2+1}{(x^2-1)^3}\right\}
\end{aligned}
$$

より，$f''(x) \neq 0$ ではあるが，符号は正または負の場合がある．

よって，増減・凹凸表を作ると次のようになる．

x	$\cdots$	-1	$\cdots$	0	$\cdots$	1	$\cdots$
$f'(x)$	$+$	╳	$+$	0	$-$	╳	$-$
$f''(x)$	$+$	╳	$-$	$-$	$-$	╳	$+$
$f(x)$	↗	╳	↗	-1	↘	╳	↘

$$\lim_{x\to\infty} f(x) = 0,\ \lim_{x\to-\infty} f(x) = 0,$$

$$\lim_{x\to-1-0} f(x) = \infty,\ \lim_{x\to-1+0} f(x) = -\infty,$$

$$\lim_{x\to1-0} f(x) = -\infty,\ \lim_{x\to1+0} f(x) = \infty,$$

より，グラフは右図のようになる．

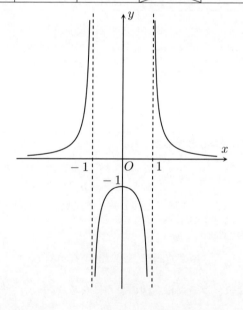

(4)
$$
\begin{aligned}
f'(x) &= \frac{e^x(e^x+1) - e^x\cdot e^x}{(e^x+1)^2} \\
&= \frac{e^x\{(e^x+1) - e^x\}}{(e^x+1)^2} \\
&= \frac{e^x\{(e^x+1) - e^x\}}{(e^x+1)^2}
\end{aligned}
$$

$$= \frac{e^x}{(e^x+1)^2} > 0$$

よって, $f'(x) > 0$.

$$f''(x) = \frac{e^x(e^x+1)^2 - e^x \cdot 2(e^x+1) \cdot e^x}{(e^x+1)^4}$$

$$= \frac{e^x(e^x+1)\{(e^x+1)-2e^x\}}{(e^x+1)^4}$$

$$= \frac{e^x\{1-e^x\}}{(e^x+1)^3}$$

より, $f''(x) = 0$ とすると, $x = 0$.

よって, 増減・凹凸表を作ると次のようになる.

x	$\cdots$	0	$\cdots$
$f'(x)$	$+$	$+$	$+$
$f''(x)$	$+$	0	$-$
$f(x)$	↗	$\dfrac{1}{2}$	↗

$$\lim_{x \to \infty} f(x) = \lim_{x \to \infty} \frac{e^x}{e^x+1}$$

$$= \lim_{x \to \infty} \frac{e^x}{e^x+1} \cdot \frac{\dfrac{1}{e^x}}{\dfrac{1}{e^x}}$$

$$= \lim_{x \to \infty} \frac{1}{1+\dfrac{1}{e^x}}$$

$$= 1$$

$$\lim_{x \to -\infty} f(x) = \lim_{x \to \infty} \frac{e^x}{e^x+1}$$

$$= 0$$

より, グラフは下図のようになる.

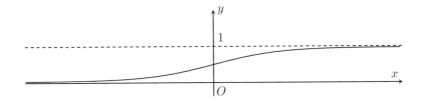

#4. 経済学への応用 1

4.1. 効用関数と予算制約式

【問 4.1】

(1) $u'(x) = \dfrac{1}{3}x^{-\frac{2}{3}}$

より,

$$\begin{aligned}
u'(27) &= \frac{1}{3}(27)^{-\frac{2}{3}} \\
&= \frac{1}{3}(3^3)^{-\frac{2}{3}} \\
&= \frac{1}{3} \cdot 3^{-2} \\
&= \frac{1}{27}
\end{aligned}$$

よって, $x = 27$ のときの限界効用は $\dfrac{1}{27}$.

(2) $\begin{aligned}
u'(x) &= \frac{8}{9} \cdot \frac{3}{4}x^{-\frac{1}{4}} \\
&= \frac{2}{3}x^{-\frac{1}{4}}
\end{aligned}$

より,

$$\begin{aligned}
u(16) &= \frac{2}{3}(16)^{-\frac{1}{4}} \\
&= \frac{2}{3}(2^4)^{-\frac{1}{4}} \\
&= \frac{2}{3} \cdot 2^{-1} \\
&= \frac{1}{3}
\end{aligned}$$

よって, $x = 16$ のときの限界効用は $\dfrac{1}{3}$.

【問 4.2】

(1) $u'(x) = \dfrac{2}{3}x^{-\frac{1}{3}}$

$$\begin{aligned}
u''(x) &= \left(\frac{2}{3}x^{-\frac{1}{3}}\right)' \\
&= \frac{2}{3}\left(x^{-\frac{1}{3}}\right)' \\
&= \frac{2}{3} \cdot \left(-\frac{1}{3}\right)x^{-\frac{4}{3}} \\
&= -\frac{2}{9}x^{-\frac{4}{3}} < 0
\end{aligned}$$

より, $\underline{u(x)\text{ は限界効用逓減の法則を満たしている}}$.

(2)　$u'(x) = \dfrac{5}{4}x^{\frac{1}{4}}$

　　$\begin{aligned}u''(x) &= \left(\dfrac{5}{4}x^{\frac{1}{4}}\right)' \\ &= \dfrac{5}{4}\left(x^{\frac{1}{4}}\right)' \\ &= \dfrac{5}{4}\cdot\dfrac{1}{4}x^{-\frac{3}{4}} \\ &= \dfrac{5}{16}x^{-\frac{3}{4}} > 0\end{aligned}$

より，$u(x)$ は限界効用逓減の法則を満たしていない.

【問 4.3】

(1)　予算制約式：$12x + 4y \leq 200$

　　グラフ：$12x + 4y \leq 200$ を変形し，$3x + y \leq 50$
　　とし予算線 $3x + y = 50$ のグラフを描くと右図
　　のようになる.

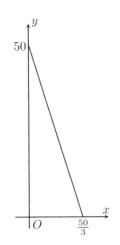

(2)　予算制約式：$600x + 900y \leq 1200$

　　グラフ：$600x + 900y \leq 1200$ を変形し，$2x + 3y \leq$
　　4 とし予算線 $2x + 3y = 4$ のグラフを描くと右
　　図のようになる.

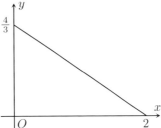

4.2. 効用最大化問題

【問 4.4】

(1)　予算制約式より制約式が等号のみ成立しているときは

$$200x + 150y = 13500$$

と書ける. これを式変形すると

$$y = -\frac{4}{3}x + 90$$

となり，効用関数 $U = x^2 y$ に代入し，

$$U = x^2 \left(-\frac{4}{3}x + 90 \right)$$
$$= -\frac{4}{3}x^3 + 90x^2$$

を得る．この U の増減表を作り極値を調べる．

$$U' = -4x^2 + 180x$$
$$= -4x^2 + 180x$$
$$= -4x(x - 45)$$

より，$U' = 0$ とすると，$x = 0, 45$.

$0 \leq x \leq \dfrac{135}{2}$ に注意して増減表を作ると

x	0	$\cdots$	45	$\cdots$	$\dfrac{135}{2}$
U'	0	$+$	0	$-$	$-$
U	0	$\nearrow$	極大値	$\searrow$	0

よって，増減表より $x = 45$ のとき効用が最大化されることが分かる．

$y = -\dfrac{4}{3}x + 90$ に代入することにより $y = 30$ が得られ，効用を最大にする購入量は $(x, y) = (45, 30)$ であることが分かる．

(2)　予算制約式より制約式が等号のみ成立しているときは

$$25x + 400y = 15000$$

と書ける．これを式変形すると

$$y = -\frac{5}{8}x + \frac{75}{2}$$

となり，効用関数 $U = x^{\frac{1}{3}} y^{\frac{2}{3}}$ に代入し，

$$U = x^{\frac{1}{3}} \left(-\frac{5}{8}x + \frac{75}{2} \right)^{\frac{2}{3}}$$

を得る．この U の増減表を作り極値を調べる．

$$U' = \frac{1}{3}x^{-\frac{2}{3}} \left(-\frac{5}{8}x + \frac{75}{2} \right)^{\frac{2}{3}} + x^{\frac{1}{3}} \cdot \frac{2}{3} \left(-\frac{5}{8}x + \frac{75}{2} \right)^{-\frac{1}{3}} \cdot \left(-\frac{5}{8} \right)$$
$$= \frac{1}{3}x^{-\frac{2}{3}} \left(-\frac{5}{8}x + \frac{75}{2} \right)^{-\frac{1}{3}} \left\{ \left(-\frac{5}{8}x + \frac{75}{2} \right) + 2x \cdot \left(-\frac{5}{8} \right) \right\}$$
$$= \frac{1}{3}x^{-\frac{2}{3}} \left(-\frac{5}{8}x + \frac{75}{2} \right)^{-\frac{1}{3}} \left\{ -\frac{5}{8}x + \frac{75}{2} - \frac{10x}{8} \right\}$$
$$= \frac{1}{3}x^{-\frac{2}{3}} \left(-\frac{5}{8}x + \frac{75}{2} \right)^{-\frac{1}{3}} \left(-\frac{15x}{8} + \frac{75}{2} \right)$$
$$= -\frac{15}{8} \cdot \frac{1}{3}x^{-\frac{2}{3}} \left(-\frac{5}{8}x + \frac{75}{2} \right)^{-\frac{1}{3}} (x - 20)$$

より，$U' = 0$ とすると，$x = 20$.

$0 \leq x \leq 60$ に注意して増減表を作ると

x	0	$\cdots$	20	$\cdots$	60
U'		$+$	0	$-$	
U	0	$\nearrow$	極大値	$\searrow$	0

よって，増減表より $x = 20$ のとき効用が最大化されることが分かる．

$y = -\dfrac{5}{8}x + \dfrac{75}{2}$ に代入することにより $y = 25$ が得られ，効用を最大にする購入量は $(x, y) = (20, 25)$ であることが分かる．

#5. 2変数関数と偏微分

5.1. 2変数関数

【問 5.1】

(1) $x < y + 1$ を変形すると，$y > x - 1$ となる．よって，領域 D_1 は右図のようになる（境界は含まない）．

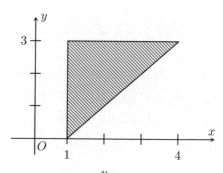

(2) $x^2 + y^2 = 4, x^2 + y^2 = 9$ は中心が原点で半径がそれぞれ $2, 3$ の円を表す．よって，領域 D_2 は右図のようになる（境界は含まない）

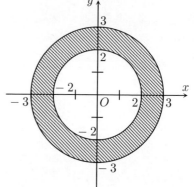

5.2. 2変数関数の極限

【問 5.2】

(1) $(x, y) = (0, 0)$ で不定形となるので，対象となる関数の絶対値を考える．

$$0 \le \left| \frac{2x^2 y}{x^2 + y^2} \right| = \frac{x^2}{x^2 + y^2} |2y| \le |2y|$$

ここで，

$$\lim_{(x, y) \to (0, 0)} |2y| = 0$$

より

$$\lim_{(x, y) \to (0, 0)} 0 \le \lim_{(x, y) \to (0, 0)} \left| \frac{2x^2 y}{x^2 + y^2} \right| \le \lim_{(x, y) \to (0, 0)} |2y|$$

$$0 \le \lim_{(x, y) \to (0, 0)} \left| \frac{2x^2 y}{x^2 + y^2} \right| \le 0$$

よってはさみうちの原理より

$$\lim_{(x,y)\to(0,0)}\left|\frac{2x^2y}{x^2+y^2}\right|=0$$

このことから，

$$\lim_{(x,y)\to(0,0)}\frac{2x^2y}{x^2+y^2}=\underline{0}$$

(2)　$y=mx$ とおく．$(x,y)\to(0,0)$ より $x\to0$ のみで考えることができるので

$$
\begin{aligned}
\lim_{(x,y)\to(0,0)}\frac{2xy}{x^2+y^2}&=\lim_{x\to0}\frac{2x(mx)}{x^2+(mx)^2}\\
&=\lim_{x\to0}\frac{2mx^2}{x^2+m^2x^2}\\
&=\lim_{x\to0}\frac{2mx^2}{x^2(1+m^2)}\\
&=\lim_{x\to0}\frac{2m}{1+m^2}\\
&=\frac{2m}{1+m^2}
\end{aligned}
$$

この値は m に依存するので 極限値は存在しない．

5.3. 2変数関数の連続性

【問 5.3】

(1)
$$
\begin{aligned}
\lim_{(x,y)\to(0,0)}f(x,y)&=\lim_{(x,y)\to(0,0)}\frac{x^4-y^4}{\sqrt{x^2+y^2}}\\
&=\lim_{(x,y)\to(0,0)}\frac{(x^2+y^2)(x^2-y^2)}{\sqrt{x^2+y^2}}\\
&=\lim_{(x,y)\to(0,0)}(x^2-y^2)\sqrt{x^2+y^2}\\
&=0
\end{aligned}
$$

であり，いま $f(0,0)=0$ である．よって，

$$\lim_{(x,y)\to(0,0)}f(x,y)=f(0,0)$$

が成り立つので関数 $f(x,y)$ は $(x,y)=(0,0)$ で 連続である．

(2)
$$\lim_{(x,y)\to(0,0)}f(x,y)=\lim_{(x,y)\to(0,0)}\frac{y}{\sqrt{x^2+y^2}}$$

を考える．いま，$y=mx$ とおくと $(x,y)\to(0,0)$ より $x\to0$ のみで考えることができるので

$$
\begin{aligned}
\lim_{(x,y)\to(0,0)}\frac{y}{\sqrt{x^2+y^2}}&=\lim_{x\to0}\frac{mx}{\sqrt{x^2+(mx)^2}}\\
&=\lim_{x\to0}\frac{mx}{\sqrt{x^2+m^2x^2}}\\
&=\lim_{x\to0}\frac{mx}{\sqrt{x^2(1+m^2)}}\\
&=\lim_{x\to0}\frac{mx}{|x|\sqrt{1+m^2}}
\end{aligned}
$$

となる．ここで，$x > 0$ とすると対象の関数は $\dfrac{m}{\sqrt{1+m^2}}$，$x < 0$ とすると対象の関数は $-\dfrac{m}{\sqrt{1+m^2}}$ となり極限は存在しないことが分かる．よって，関数 $f(x, y)$ は $(x, y) = (0, 0)$ で 連続でない．

5.4. 偏微分

【問 5.4】

(1) $\displaystyle f_x(0, 1) = \lim_{h \to 0} \frac{f(0+h, 1) - f(0, 1)}{h}$

$\displaystyle \qquad\qquad = \lim_{h \to 0} \frac{(3 \cdot h \cdot 1^2 - 2 \cdot h^2 \cdot 1) - (3 \cdot 0 \cdot 1^2 - 2 \cdot 0^2 \cdot 1)}{h}$

$\displaystyle \qquad\qquad = \lim_{h \to 0} \frac{3h - 2h^2}{h}$

$\displaystyle \qquad\qquad = \lim_{h \to 0} (3 - 2h)$

$\displaystyle \qquad\qquad = \underline{3}$

$\displaystyle f_y(-1, 1) = \lim_{k \to 0} \frac{f(-1, 1+k) - f(-1, 1)}{k}$

$\displaystyle \qquad\qquad = \lim_{k \to 0} \frac{(3 \cdot (-1) \cdot (1+k)^2 - 2 \cdot (-1)^2 \cdot (1+k)) - (3 \cdot (-1) \cdot 1^2 - 2 \cdot (-1)^2 \cdot 1)}{h}$

$\displaystyle \qquad\qquad = \lim_{k \to 0} \frac{-3(1+k)^2 - 2(1+k) + 5}{k}$

$\displaystyle \qquad\qquad = \lim_{k \to 0} \frac{-3 - 6k - 3k^2 - 2 - 2k + 5}{k}$

$\displaystyle \qquad\qquad = \lim_{k \to 0} \frac{-3k^2 - 8k}{k} = \lim_{k \to 0}(-3k - 8)$

$\displaystyle \qquad\qquad = \underline{-8}$

(2) $\displaystyle \lim_{t \to 0} \frac{e^t - 1}{t} = 1$ を用いる．

$\displaystyle f_x(x, y) = \lim_{h \to 0} \frac{f(x+h, y) - f(x, y)}{h}$

$\displaystyle \qquad\qquad = \lim_{h \to 0} \frac{e^{2(x+h)y+y} - e^{2xy+y}}{h}$

$\displaystyle \qquad\qquad = \lim_{h \to 0} \frac{e^{2xy+2hy+y} - e^{2xy+y}}{h}$

$\displaystyle \qquad\qquad = e^{2xy+y} \lim_{h \to 0} \frac{e^{2hy} - 1}{h}$

$\displaystyle \qquad\qquad = e^{2xy+y} \lim_{h \to 0} \frac{e^{2hy} - 1}{h} \cdot \frac{2y}{2y}$

$\displaystyle \qquad\qquad = e^{2xy+y} \lim_{2hy \to 0} \frac{e^{2hy} - 1}{2hy} \cdot 2y$

$\displaystyle \qquad\qquad = \underline{2ye^{2xy+y}}$

$\displaystyle f_y(x, y) = \lim_{k \to 0} \frac{f(x, y+k) - f(x, y)}{k}$

$$= \lim_{k \to 0} \frac{e^{2x(y+k)+(y+k)} - e^{2xy+y}}{k}$$

$$= \lim_{k \to 0} \frac{e^{2xy+2xk+y+k} - e^{2xy+y}}{k}$$

$$= e^{2xy+y} \lim_{k \to 0} \frac{e^{2xk+k} - 1}{k}$$

$$= e^{2xy+y} \lim_{k \to 0} \frac{e^{(2x+1)k} - 1}{k}$$

$$= e^{2xy+y} \lim_{k \to 0} \frac{e^{(2x+1)k} - 1}{k} \cdot \frac{2x+1}{2x+1}$$

$$= e^{2xy+y} \lim_{(2x+1)k \to 0} \frac{e^{(2x+1)k} - 1}{(2x+1)k} \cdot (2x+1)$$

$$= \underline{(2x+1)e^{2xy+y}}$$

【問 5.5】

(1) $\quad f_x(x, y) = \dfrac{\partial}{\partial x}(2x^3 + 3xy^2 - 3y^2)$

$$= 2 \cdot 3x^2 + 3y^2 \cdot 1$$

$$= \underline{6x^2 + 3y^2}$$

$\quad f_y(x, y) = \dfrac{\partial}{\partial y}(2x^3 + 3xy^2 - 3y^2)$

$$= 3x \cdot 2y - 3 \cdot 2y$$

$$= \underline{6xy - 6y}$$

(2) $\quad f_x(x, y) = \dfrac{\partial}{\partial x}\{(2x - y^2)(x^2 - 3xy)\}$

$$= 2(x^2 - 3xy) + (2x - y^2)(2x - 3y)$$

$$= 2x^2 - 6xy + 4x^2 - 2xy^2 - 6xy + 3y^3$$

$$= \underline{6x^2 - 2xy^2 - 12xy + 3y^3}$$

$\quad f_y(x, y) = \dfrac{\partial}{\partial y}\{(2x - y^2)(x^2 - 3xy)\}$

$$= (-2y)(x^2 - 3xy) + (2x - y^2)(-3x)$$

$$= (-2x^2y + 6xy^2) + (-6x^2 + 3xy^2)$$

$$= \underline{-6x^2 - 2x^2y + 9xy^2}$$

(3) $\quad f_x(x, y) = \dfrac{\partial}{\partial x}\{(x^2 - y)e^{xy}\}$

$$= 2xe^{xy} + (x^2 - y) \cdot ye^{xy}$$

$$= \{2x + (x^2 - y)y\}e^{xy}$$

$$= \underline{(x^2y + 2x - y^2)e^{xy}}$$

$$
\begin{aligned}
f_y(x,\,y) &= \frac{\partial}{\partial y}\{(x^2-y)e^{xy}\} \\
&= -e^{xy}+(x^2-y)\cdot xe^{xy} \\
&= \{-1+(x^2-y)x\}e^{xy} \\
&= \underline{(x^3-xy-1)e^{xy}}
\end{aligned}
$$

(4) 　
$$
\begin{aligned}
f_x(x,\,y) &= \frac{\partial}{\partial x}\{\log(x^2+2y^2)\} \\
&= \frac{\dfrac{\partial}{\partial x}(x^2+2y^2)}{x^2+2y^2} \\
&= \underline{\frac{2x}{x^2+2y^2}}
\end{aligned}
$$

$$
\begin{aligned}
f_y(x,\,y) &= \frac{\partial}{\partial y}\{\log(x^2+2y^2)\} \\
&= \frac{\dfrac{\partial}{\partial y}(x^2+2y^2)}{x^2+2y^2} \\
&= \underline{\frac{4y}{x^2+2y^2}}
\end{aligned}
$$

5.5. 連鎖律

【問 5.6】

(1) 　$f_x(x,\,y)=2x,\ f_y(x,\,y)=3y^2,\ x_t=2t,\ y_t=3t^2$ より，
$$
\begin{aligned}
\frac{df}{dt} &= f_x(x,\,y)\cdot x_t+f_y(x,\,y)\cdot y_t \\
&= 2x\cdot 2t+3y^2\cdot 3t^2 \\
&= 4xt+9y^2t^2 \\
&= 4(t^2)t+9(t^3)^2t^2 \\
&= \underline{t^3(9t^5+4)}
\end{aligned}
$$

(2) 　$f_x(x,\,y)=2xy,\ f_y(x,\,y)=x^2,\ x_t=2t,\ y_t=e^t$ より，
$$
\begin{aligned}
\frac{df}{dt} &= f_x(x,\,y)\cdot x_t+f_y(x,\,y)\cdot y_t \\
&= 2xy\cdot 2t+x^2\cdot e^t \\
&= 4xyt+x^2e^t \\
&= 4(t^2)(e^t)t+(t^2)^2e^t \\
&= \underline{t^3(t+4)\,e^t}
\end{aligned}
$$

(3) $f_x(x, y) = \dfrac{x}{\sqrt{x^2 + y^2}}$, $f_y(x, y) = \dfrac{y}{\sqrt{x^2 + y^2}}$, $x_u = 1$, $x_v = 1$, $y_u = v$, $y_v = u$ より,

$$\begin{aligned}
\frac{\partial f}{\partial u} &= f_x(x, y) \cdot x_u + f_y(x, y) \cdot y_u \\
&= \frac{x}{\sqrt{x^2 + y^2}} \cdot 1 + \frac{y}{\sqrt{x^2 + y^2}} \cdot v \\
&= \frac{x + yv}{\sqrt{x^2 + y^2}} \\
&= \frac{(u + v) + (uv)v}{\sqrt{(u + v)^2 + (uv)^2}} \\
&= \frac{u + v + uv^2}{\sqrt{(u + v)^2 + (uv)^2}}
\end{aligned}$$

$$\begin{aligned}
\frac{\partial f}{\partial v} &= f_x(x, y) \cdot x_v + f_y(x, y) \cdot y_v \\
&= \frac{x}{\sqrt{x^2 + y^2}} \cdot 1 + \frac{y}{\sqrt{x^2 + y^2}} \cdot u \\
&= \frac{x + yu}{\sqrt{x^2 + y^2}} \\
&= \frac{(u + v) + (uv)u}{\sqrt{(u + v)^2 + (uv)^2}} \\
&= \frac{u + v + u^2 v}{\sqrt{(u + v)^2 + (uv)^2}}
\end{aligned}$$

(4) $\begin{aligned}[t]
f_x(x, y) &= \frac{\partial}{\partial x} \left(\log \sqrt{x^2 + y^2} \right) \\
&= \frac{1}{2} \cdot \frac{\partial}{\partial x} \left(\log(x^2 + y^2) \right) \\
&= \frac{x}{x^2 + y^2}
\end{aligned}$

$\begin{aligned}[t]
f_y(x, y) &= \frac{\partial}{\partial y} \left(\log \sqrt{x^2 + y^2} \right) \\
&= \frac{1}{2} \cdot \frac{\partial}{\partial y} \left(\log(x^2 + y^2) \right) \\
&= \frac{y}{x^2 + y^2}
\end{aligned}$

$x_u = 2u$, $x_v = -2v$, $y_u = 2v$, $y_v = 2u$ より,

$$\begin{aligned}
\frac{\partial f}{\partial u} &= f_x(x, y) \cdot x_u + f_y(x, y) \cdot y_u \\
&= \frac{x}{x^2 + y^2} \cdot 2u + \frac{y}{x^2 + y^2} \cdot 2v \\
&= 2 \cdot \frac{xu + yv}{x^2 + y^2} \\
&= 2 \cdot \frac{(u^2 - v^2)u + (2uv)v}{(u^2 - v^2)^2 + (2uv)^2} \\
&= 2 \cdot \frac{u(u^2 - v^2 + 2v^2)}{u^4 - 2u^2 v^2 + v^4 + 4u^2 v^2}
\end{aligned}$$

$$= 2 \cdot \frac{u(u^2 + v^2)}{u^4 + 2u^2v^2 + v^4}$$

$$= 2 \cdot \frac{u(u^2 + v^2)}{(u^2 + v^2)^2}$$

$$= \frac{2u}{u^2 + v^2}$$

$$\frac{\partial f}{\partial v} = f_x(x, y) \cdot x_v + f_y(x, y) \cdot y_v$$

$$= \frac{x}{x^2 + y^2} \cdot (-2v) + \frac{y}{x^2 + y^2} \cdot 2u$$

$$= 2 \cdot \frac{-xv + yu}{x^2 + y^2}$$

$$= 2 \cdot \frac{-(u^2 - v^2)v + (2uv)u}{(u^2 - v^2)^2 + (2uv)^2}$$

$$= 2 \cdot \frac{v(-u^2 + v^2 + 2u^2)}{u^4 - 2u^2v^2 + v^4 + 4u^2v^2}$$

$$= 2 \cdot \frac{v(u^2 + v^2)}{u^4 + 2u^2v^2 + v^4}$$

$$= 2 \cdot \frac{v(u^2 + v^2)}{(u^2 + v^2)^2}$$

$$= \frac{2v}{u^2 + v^2}$$

#6. 条件付極値問題

6.1. 2変数関数の極値

【問 6.1】

(1)　$z_x = 24x^2 - 6y$, $z_y = -6x - 3y^2$ より,

$$\begin{cases} 24x^2 - 6y = 0 \cdots (i) \\ -6x - 3y^2 = 0 \cdots (ii) \end{cases}$$

を解く.

(i) を変形して $y = 4x^2$ となるので (ii) に代入すると

$$-6x - 3(4x^2)^2 = 0$$
$$-3(2x + 16x^4) = 0$$
$$-6x(1 + 8x^3) = 0$$
$$-6x(1 + 2x)(1 - 2x + 4x^2) = 0$$
$$x = 0, \ -\frac{1}{2}$$

よって $y = 4x^2$ に代入することにより x に対応する y を求めることができ, 停留点は

$$\underline{(x, y) = (0, 0), \ \left(-\frac{1}{2}, 1\right)}$$

(2)　$f_x(x, y) = 2xy$, $f_y(x, y) = x^2$, $x_t = 2t$, $y_t = e^t$ より,

$$\begin{aligned} \frac{df}{dt} &= f_x(x, y) \cdot x_t + f_y(x, y) \cdot y_t \\ &= 2xy \cdot 2t + x^2 \cdot e^t \\ &= 4xyt + x^2 e^t \\ &= 4(t^2)(e^t)t + (t^2)^2 e^t \\ &= \underline{t^3(t + 4)\, e^t} \end{aligned}$$

6.2. 陰関数定理

【問 6.2】

(1)　$6x^2 - 7xy + 2y^2 = 0$ より,

$$(3x - 2y)(2x - y) = 0$$

よって,

$$\underline{y = \frac{3}{2}x, \quad y = 2x}$$

(2) 　 $2x^2 - xy - 3y^2 + 5y - 2 = 0$ より,

$$2x^2 - xy - (3y - 2)(y - 1) = 0$$
$$(2x - 3y + 2)(x + y - 1) = 0$$

よって,

$$y = \frac{2}{3}x + \frac{2}{3}, \quad y = -x + 1$$

【問 6.3】

(1) 　 $F(x, y) = x^2 - xy + y^2$ とおく.

$F_x(x, y) = 2x - y$, $F_y(x, y) = -x + 2y$ より, $F(x, y)$ は連続な導関数をもつ. また, $F_y(x, y) \neq 0$ とすると $x \neq 2y$ である.

よって,

$$y' = -\frac{2x - y}{-x + 2y}$$
$$= \frac{2x - y}{x - 2y} \quad (x \neq 2y)$$

(2) 　 $F(x, y) = xy^2 - x^2y - 2$ とおく.

$F_x(x, y) = y^2 - 2xy$, $F_y(x, y) = 2xy - x^2$ より, $F(x, y)$ は連続な導関数をもつ. また, $F_y(x, y) \neq 0$ とすると

$$2xy - x^2 \neq 0$$
$$x(2y - x) \neq 0$$
$$x \neq 0 \,かつ\, x \neq 2y$$

である.

よって,

$$y' = -\frac{y^2 - 2xy}{2xy - x^2}$$
$$= \frac{y(y - 2x)}{x(x - 2y)} \quad (x \neq 0\,かつ\,x \neq 2y)$$

(3) 　 $F(x, y) = y + 1 - xe^y$ とおく.

$F_x(x, y) = -e^y$, $F_y(x, y) = 1 - xe^y$ より, $F(x, y)$ は連続な導関数をもつ. また, $F_y(x, y) \neq 0$ とすると $xe^y \neq 1$ である.

よって,

$$y' = -\frac{-e^y}{1 - xe^y}$$
$$= \frac{e^y}{1 - xe^y} \quad (xe^y \neq 1)$$

6.3. 条件付極値問題

【問 6.4】

(1) $f(x, y) = x^2 + y^2$, $g(x, y) = x + y - 1$ とおく.

$g_x(x, y) = 1 \neq 0$ より，ラグランジュの乗数法を用いることができる．ここで，$F = f(x, y) + \lambda g(x, y)$ とおき，$F_x = F_y = F_\lambda = 0$ として連立方程式を作ると以下のようになる.

$$\begin{cases} 2x + \lambda = 0 \cdots (i) \\ 2y + \lambda = 0 \cdots (ii) \\ x + y - 1 = 0 \cdots (iii) \end{cases}$$

よって，$(i) - -(ii)$ より $x = y$ となるので，(iii) に代入して

$$x + x - 1 = 0$$
$$2x = 1$$
$$x = \frac{1}{2}$$

よって，$x = y$ より極値をとる点の候補は

$$\underline{(x, y) = \left(\frac{1}{2}, \frac{1}{2} \right)}$$

(2) $f(x, y) = x + y$, $g(x, y) = x^2 + y^2 - 1$ とおく.

$g_x(x, y) = 2x$, $g_y(x, y) = 2y$ より，$g_x(x, y) = g_y(x, y) = 0$ とおくと $(x, y) = (0, 0)$ となりこれは条件を満たさない．よってラグランジュの乗数法を用いることができる．ここで，$F = f(x, y) + \lambda g(x, y)$ とおき，$F_x = F_y = F_\lambda = 0$ として連立方程式を作ると以下のようになる.

$$\begin{cases} 1 + 2\lambda x = 0 \cdots (i) \\ 1 + 2\lambda y = 0 \cdots (ii) \\ x^2 + y^2 - 1 = 0 \cdots (iii) \end{cases}$$

いま，$x = 0$ とすると (i) を満たさず，$y = 0$ とすると (ii) を満たさないので $x \neq 0, y \neq 0$ であることが分かる.

よって，$(i), (ii)$ より

$$\lambda = -\frac{1}{2x}, \lambda = -\frac{1}{2y}$$

となるので，

$$-\frac{1}{2x} = -\frac{1}{2y}$$
$$x = y$$

これを (iii) に代入して

$$x^2 + x^2 - 1 = 0$$
$$2x^2 = 1$$
$$x = \pm\frac{1}{\sqrt{2}}$$

よって，$x = y$ より極値をとる点の候補は

$$(x, y) = \left(\pm \frac{1}{\sqrt{2}}, \pm \frac{1}{\sqrt{2}} \right) \quad (複号同順)$$

【問 6.5】

(1)　$f(x, y) = x^2 + y^2 - 4x - 2y + 1$, $g(x, y) = x^2 + y^2 - 1$ とおく.

$g_x(x, y) = 2x - 4$, $g_y(x, y) = 2y - 2$ より，$g_x(x, y) = g_y(x, y) = 0$ とおくと $(x, y) = (2, 1)$ となりこれは条件を満たさない．よってラグランジュの乗数法を用いることができる．ここで，$F = f(x, y) + \lambda g(x, y)$ とおき，$F_x = F_y = F_\lambda = 0$ として連立方程式を作ると以下のようになる.

$$\begin{cases} 2x - 4 + 2\lambda x = 0 \cdots (i) \\ 2y - 2 + 2\lambda y = 0 \cdots (ii) \\ x^2 + y^2 - 1 = 0 \cdots (iii) \end{cases}$$

いま，$x = 0$ とすると (i) を満たさず，$y = 0$ とすると (ii) を満たさないので $x \neq 0, y \neq 0$ であることが分かる.

よって，$(i), (ii)$ より

$$\lambda = -\frac{2x - 4}{2x}, \lambda = -\frac{2y - 2}{2y}$$

となるので，

$$-\frac{2x - 4}{2x} = -\frac{2y - 2}{2y}$$
$$\frac{x - 2}{x} = \frac{y - 1}{y}$$
$$1 - \frac{2}{x} = 1 - \frac{1}{y}$$
$$-\frac{2}{x} = -\frac{1}{y}$$
$$2y = x$$

これを (iii) に代入して

$$(2y)^2 + y^2 - 1 = 0$$
$$5y^2 = 1$$
$$y = \pm \frac{1}{\sqrt{5}}$$

よって，$x = 2y$ より極値をとる点の候補は

$$(x, y) = \left(\pm \frac{2}{\sqrt{5}}, \pm \frac{1}{\sqrt{5}} \right) \quad (複号同順)$$

いま，(x, y) は中心が原点，半径 1 の円周上を動くので，この条件の下では $f(x, y)$ は最大値・最小値をもつことが分かる.

ここで,

$$f\left(\frac{2}{\sqrt{5}},\frac{1}{\sqrt{5}}\right) = \left(\frac{2}{\sqrt{5}}\right)^2 + \left(\frac{1}{\sqrt{5}}\right)^2 - 4\left(\frac{2}{\sqrt{5}}\right) - 2\left(\frac{1}{\sqrt{5}}\right) + 1$$

$$= \frac{4}{5} + \frac{1}{5} - \frac{8}{\sqrt{5}} - \frac{2}{\sqrt{5}} + 1$$

$$= 2 - \frac{10}{\sqrt{5}}$$

$$= 2 - 2\sqrt{5}$$

$$f\left(-\frac{2}{\sqrt{5}},-\frac{1}{\sqrt{5}}\right) = \left(-\frac{2}{\sqrt{5}}\right)^2 + \left(-\frac{1}{\sqrt{5}}\right)^2 - 4\left(-\frac{2}{\sqrt{5}}\right) - 2\left(-\frac{1}{\sqrt{5}}\right) + 1$$

$$= \frac{4}{5} + \frac{1}{5} + \frac{8}{\sqrt{5}} + \frac{2}{\sqrt{5}} + 1$$

$$= 2 + \frac{10}{\sqrt{5}}$$

$$= 2 + 2\sqrt{5}$$

であることより,

$$\begin{cases} (x,y) = \left(-\dfrac{2}{\sqrt{5}},-\dfrac{1}{\sqrt{5}}\right) & \text{のとき, 最大値 } 2+2\sqrt{5} \\[3mm] (x,y) = \left(\dfrac{2}{\sqrt{5}},\dfrac{1}{\sqrt{5}}\right) & \text{のとき, 最小値 } 2-2\sqrt{5} \end{cases}$$

(2)　$f(x,y) = x^2 - 4xy - 2y^2$, $g(x,y) = x^2 + 4y^2 - 4$ とおく.

$g_x(x,y) = 2x$, $g_y(x,y) = 8y$ より, $g_x(x,y) = g_y(x,y) = 0$ とおくと $(x,y) = (0,0)$ となりこれは条件を満たさない. よってラグランジュの乗数法を用いることができる. ここで, $F = f(x,y) + \lambda g(x,y)$ とおき, $F_x = F_y = F_\lambda = 0$ として連立方程式を作ると以下のようになる.

$$\begin{cases} 2x - 4y + 2\lambda x = 0 \cdots (i) \\ -4x - 4y + 8\lambda y = 0 \cdots (ii) \\ x^2 + 4y^2 - 4 = 0 \cdots (iii) \end{cases}$$

いま, $x = 0$ とすると $y = 0$, $y = 0$ とすると $x = 0$ となるので条件を満たさない. よって $x \neq 0, y \neq 0$ であることが分かる.

$(i), (ii)$ より

$$\lambda = -\frac{2x - 4y}{2x}, \lambda = \frac{4x + 4y}{8y}$$

となるので,

$$-\frac{2x - 4y}{2x} = \frac{4x + 4y}{8y}$$

$$\frac{-x + 2y}{x} = \frac{x + y}{2y}$$

$$2y(-x + 2y) = x(x + y)$$

$$-2xy + 4y^2 = x^2 + xy$$

$$x^2 + 3xy - 4y^2 = 0$$

$$(x + 4y)(x - y) = 0$$

$$x = -4y, \; x = y$$

(1) $x = -4y$ の場合，

(iii) に代入して

$$(-4y)^2 + 4y^2 - 4 = 0$$
$$20y^2 = 4$$
$$y^2 = \frac{1}{5}$$
$$y = \pm\frac{1}{\sqrt{5}}$$

よって，$x = -4y$ より極値をとる点の候補は

$$(x, y) = \left(\pm\frac{4}{\sqrt{5}}, \mp\frac{1}{\sqrt{5}}\right) \quad \text{（複号同順）}$$

(2) $x = y$ の場合，

(iii) に代入して

$$(y)^2 + 4y^2 - 4 = 0$$
$$5y^2 = 4$$
$$y^2 = \frac{4}{5}$$
$$y = \pm\frac{2}{\sqrt{5}}$$

よって，$x = y$ より極値をとる点の候補は

$$(x, y) = \left(\pm\frac{2}{\sqrt{5}}, \pm\frac{2}{\sqrt{5}}\right) \quad \text{（複号同順）}$$

いま，(x, y) は楕円周上を動くので，この条件の下では $f(x, y)$ は最大値・最小値をもつことが分かる．
ここで，

$$f\left(\pm\frac{4}{\sqrt{5}}, \mp\frac{1}{\sqrt{5}}\right) = \left(\pm\frac{4}{\sqrt{5}}\right)^2 - 4\left(\pm\frac{4}{\sqrt{5}}\right)\left(\mp\frac{1}{\sqrt{5}}\right) - 2\left(\mp\frac{1}{\sqrt{5}}\right)^2$$
$$= \frac{16}{5} + \frac{16}{5} - \frac{2}{5}$$
$$= \frac{30}{5}$$
$$= 6$$

$$f\left(\pm\frac{2}{\sqrt{5}}, \pm\frac{2}{\sqrt{5}}\right) = \left(\pm\frac{2}{\sqrt{5}}\right)^2 - 4\left(\pm\frac{2}{\sqrt{5}}\right)\left(\pm\frac{2}{\sqrt{5}}\right) - 2\left(\pm\frac{2}{\sqrt{5}}\right)^2$$
$$= \frac{4}{5} - \frac{16}{5} - \frac{8}{5}$$
$$= -\frac{20}{5}$$
$$= -4$$

であることより,

$$
\begin{cases}
(x, y) = \left(\pm\dfrac{4}{\sqrt{5}}, \mp\dfrac{1}{\sqrt{5}}\right) \text{ のとき,} \quad \text{最大値} \quad 6 \\[3mm]
(x, y) = \left(\pm\dfrac{2}{\sqrt{5}}, \pm\dfrac{2}{\sqrt{5}}\right) \text{ のとき,} \quad \text{最小値} \quad -4
\end{cases}
$$

【問 6.6】

(1)　曲線 $-x^2 - 4xy + 2y^2 = -18\,(y > 0)$ 上の点 (x, y) と原点 $O(0, 0)$ の距離は $\sqrt{x^2 + y^2}$ で与えられるので, この問題を解くには「条件: $-x^2 - 4xy + 2y^2 = -18\,(y > 0)$ の下で $\sqrt{x^2 + y^2}$ の最小値を求め」ればよい.

$f(x, y) = x^2 + y^2, g(x, y) = -x^2 - 4xy + 2y^2 + 18$ とおく.

$g_x(x, y) = -2x - 4y, g_y(x, y) = -4x + 4y$ より, $g_x(x, y) = g_y(x, y) = 0$ とおくと $(x, y) = (0, 0)$ となりこれは条件を満たさない. よって, ラグランジュの乗数法を用いることができる. ここで, $F = f(x, y) + \lambda g(x, y)$ とおき, $F_x = F_y = F_\lambda = 0$ として連立方程式を作ると以下のようになる.

$$
\begin{cases}
2x + \lambda(-2x - 4y) = 0 \cdots (i) \\
2y + \lambda(-4x + 4y) = 0 \cdots (ii) \\
-x^2 - 4xy + 2y^2 + 18 = 0 \cdots (iii)
\end{cases}
$$

(i) の両辺を 2 で割り x をかけたものを $(i)'$, (ii) の両辺を 2 で割り y をかけたものを $(ii)'$ とすると,

$$
\begin{cases}
xy - \lambda y(x + 2y) = 0 \cdots (i)' \\
xy - \lambda x(2x - 2y) = 0 \cdots (ii)'
\end{cases}
$$

ここで, $(i)'–(ii)'$ を計算すると,

$$
-\lambda y(x + 2y) + \lambda x(2x - 2y) = 0
$$
$$
\lambda(-xy - 2y^2 + 2x^2 - 2xy) = 0
$$
$$
\lambda(2x^2 - 3xy - 2y^2) = 0
$$
$$
\lambda(2x + y)(x - 2y) = 0
$$

よって, $\lambda = 0$ の場合, $2x + y = 0$ の場合, $x - 2y = 0$ の場合に分けて考える.

① $\lambda = 0$ の場合

$(i), (ii)$ より, $(x, y) = (0, 0)$ となりこれは条件を満たさない.

② $2x + y = 0$ の場合

$y = -2x$ を (iii) に代入して,

$$
-x^2 - 4x(-2x) + 2(-2x)^2 + 18 = 0
$$
$$
-x^2 + 8x^2 + 8x^2 + 18 = 0
$$
$$
15x^2 = -18
$$

実数 x に対し, $x^2 \geq 0$ であるので, この方程式は解を持たない.

③ $x - 2y = 0$ の場合

$x = 2y$ を (iii) に代入して,

$$-(2y)^2 - 4(2y)y + 2y^2 + 18 = 0$$
$$-4y^2 - 8y^2 + 2x^2 + 18 = 0$$
$$10y^2 = 18$$
$$y^2 = \frac{9}{5}$$

$y > 0$ より

$$y = \frac{3}{\sqrt{5}}$$

また, $x = 2y$ であるので,

$$(x, y) = \left(\frac{6}{\sqrt{5}}, \frac{3}{\sqrt{5}} \right)$$

いま, 最小値の存在は認められているので, $(x, y) = \left(\dfrac{6}{\sqrt{5}}, \dfrac{3}{\sqrt{5}} \right)$ で距離は最小となる.
よって, 最短距離を求めると,

$$
\begin{aligned}
f \left(\frac{6}{\sqrt{5}}, \frac{3}{\sqrt{5}} \right) &= \sqrt{ \left(\frac{6}{\sqrt{5}} \right)^2 + \left(\frac{3}{\sqrt{5}} \right)^2 } \\
&= \sqrt{ \frac{36}{5} + \frac{9}{5} } \\
&= \sqrt{ \frac{45}{5} } \\
&= \sqrt{9} \\
&= 3
\end{aligned}
$$

よって, $(x, y) = \left(\dfrac{6}{\sqrt{5}}, \dfrac{3}{\sqrt{5}} \right)$ のとき距離は最短となり, 最短距離は 3 となる.

(2)　「楕円に内接する長方形」の回転体の表面積を考えるので, ここでは $x > 0, y > 0$ として考えることにする.

$f(x, y) = 2\pi y^2 + 4\pi xy,\ g(x, y) = \dfrac{x^2}{2} + y^2 - 1$ とおく.

$g_x(x, y) = x,\ g_y(x, y) = 2y$ より, $g_x(x, y) = g_y(x, y) = 0$ とおくと $(x, y) = (0, 0)$ となりこれは条件を満たさない. よってラグランジュの乗数法を用いることができる. ここで, $F = f(x, y) + \lambda g(x, y)$ とおき, $F_x = F_y = F_\lambda = 0$ として連立方程式を作ると以下のようになる.

$$
\begin{cases}
4\pi y + \lambda x = 0 \cdots (i) \\
4\pi(x + y) + 2\lambda y = 0 \cdots (ii) \\
\dfrac{x^2}{2} + y^2 - 1 = 0 \cdots (iii)
\end{cases}
$$

$(i), (ii)$ より

$$8\pi xy + 2\lambda xy = 0$$

$$4\pi x(x + y) + 2\lambda xy = 0$$

辺々差を取ると，

$$4\pi\left(x^2 - xy\right) = 0$$

$$x^2 - xy = 0$$

$$x\left(x - y\right) = 0$$

$$x = y \ \left(x > 0,\, y > 0\right)$$

これを (iii) に代入して

$$\frac{y^2}{2} + y^2 - 1 = 0$$

$$\frac{3}{2}y^2 = 1$$

$$y = \sqrt{\frac{2}{3}} \ \ (y > 0)$$

よって，$x = y$ より極値をとる点の候補は，

$$(x,\, y) = \left(\sqrt{\frac{2}{3}},\, \sqrt{\frac{2}{3}}\right)$$

となる．いま，面積には最大値があることが分かっているので，面積の最大値は

$$2\pi\left(\sqrt{\frac{2}{3}}\right)^2 + 4\pi\sqrt{\frac{2}{3}} \times \sqrt{\frac{2}{3}} = \underline{4\pi}$$

#7. 経済学への応用 2

7.1. 2 変数の効用関数と限界効用

【問 7.1】

(1)　　・x について

$$u_x(x,\,y) = \frac{1}{2}(2x^2 + 3y^2)^{-\frac{1}{2}} \cdot 4x$$
$$= \frac{2x}{\sqrt{2x^2 + 3y^2}}$$

より,

$$u_x(\sqrt{6},\,\sqrt{2}) = \frac{2\sqrt{6}}{\sqrt{2 \cdot 6 + 3 \cdot 2}}$$
$$= \frac{2\sqrt{6}}{\sqrt{18}}$$
$$= \underline{\frac{2}{\sqrt{3}}}$$

・y について

$$u_y(x,\,y) = \frac{1}{2}(2x^2 + 3y^2)^{-\frac{1}{2}} \cdot 6y$$
$$= \frac{3y}{\sqrt{2x^2 + 3y^2}}$$

より,

$$u_x\left(\sqrt{6},\,\sqrt{2}\right) = \frac{3\sqrt{2}}{\sqrt{2 \cdot 6 + 3 \cdot 2}}$$
$$= \frac{3\sqrt{2}}{\sqrt{18}}$$
$$= \underline{1}$$

(2)　$u_x(x,\,y) = \dfrac{2x}{\sqrt{2x^2 + 3y^2}}$

より,

$$u_{xx}(x,\,y) = \frac{2\sqrt{2x^2 + 3y^2} - 2x \cdot \dfrac{2x}{\sqrt{2x^2 + 3y^2}}}{\left(\sqrt{2x^2 + 3y^2}\right)^2}$$
$$= \frac{2(2x^2 + 3y^2) - 2x \cdot 2x}{(2x^2 + 3y^2)\sqrt{2x^2 + 3y^2}}$$
$$= \frac{4x^2 + 6y^2 - 4x^2}{(2x^2 + 3y^2)\sqrt{2x^2 + 3y^2}}$$
$$= \frac{6y^2}{(2x^2 + 3y^2)\sqrt{2x^2 + 3y^2}} > 0$$

$$u_{yy}(x,\,y) = \frac{3\sqrt{2x^2+3y^2} - 3y \cdot \dfrac{3y}{\sqrt{2x^2+3y^2}}}{\left(\sqrt{2x^2+3y^2}\right)^2}$$

$$= \frac{3(2x^2+3y^2) - 3y \cdot 3y}{(2x^2+3y^2)\sqrt{2x^2+3y^2}}$$

$$= \frac{6x^2 + 9y^2 - 9y^2}{(2x^2+3y^2)\sqrt{2x^2+3y^2}}$$

$$= \frac{6x^2}{(2x^2+3y^2)\sqrt{2x^2+3y^2}} > 0$$

よって，効用関数 $u(x,\,y)$ は <u>$x,\,y$ について逓減していない</u>.

7.2. 無差別曲線

【問 7.2】

(1)　y の x に対する MRS は，$MRS = \dfrac{u_x(x,\,y)}{u_y(x,\,y)}$ であるので，

$$MRS = \frac{\dfrac{1}{3}(2x^3+y^3)^{-\frac{2}{3}} \cdot 6x^2}{\dfrac{1}{3}(2x^3+y^3)^{-\frac{2}{3}} \cdot 3y^2}$$

$$= \frac{2x^2}{y^2}$$

ここで，$(x,\,y) = (2,\,3)$ として y の x に対する MRS を求めると，

$$MRS = \frac{2 \cdot 2^2}{3^2}$$

$$= \underline{\frac{8}{9}}$$

(2)　(1) より，$MRS = \dfrac{2x^2}{y^2}$ であるので，

$$\frac{d}{dx}MRS = \frac{d}{dx}\left(\frac{2x^2}{y^2}\right)$$

$$= \frac{4x \cdot y^2 - 2x^2 \cdot 2y \cdot \dfrac{dy}{dx}}{(y^2)^2}$$

$$= \frac{4x \cdot y^2 - 2x^2 \cdot 2y \cdot \left(-\dfrac{2x^2}{y^2}\right)}{(y^2)^2}$$

$$= \frac{4xy^2 + \dfrac{8x^4}{y}}{y^4}$$

$$= \frac{4xy^3 + 8x^4}{y^5} > 0$$

よって，y の x に対する限界代替率は遞減していない.

7.3. 効用最大化問題

【問 7.3】

(1)　問題より，予算制約式は

$$400x + 500y \leq 10000$$

と書ける．いま，予算制約式において等号が成立しない状況で効用が最大化されることはないので，この問題の定式化は

$$\text{maximize: } u(x, y) = x^{\frac{1}{3}} y^{\frac{1}{2}}$$
$$\text{subject to: } 400x + 500y = 10000$$

と書ける．

ここで $g(x, y) = 400x + 500y - 10000$ とおくと，$g_x(x, y) = 400, g_y(x, y) = 500$ であり $g_x(x, y) = g_y(x, y) = 0$ でないのでラグランジュの乗数法を用いることができる．よって，$F = u(x, y) + \lambda g(x, y)$ とおいて $F_x = F_y = F_\lambda = 0$ として連立方程式を作り，これを解くことにより極値をとる候補点を求めることができる．

$F = x^{\frac{1}{3}} y^{\frac{1}{2}} + \lambda(400x + 500y - 10000)$ であるので，連立方程式は下のようになる.

$$\begin{cases} \dfrac{1}{3} x^{-\frac{2}{3}} y^{\frac{1}{2}} + 400\lambda = 0 \cdots \text{①} \\ \dfrac{1}{2} x^{\frac{1}{3}} y^{-\frac{1}{2}} + 500\lambda = 0 \cdots \text{②} \\ 400x + 500y - 10000 = 0 \cdots \text{③} \end{cases}$$

①，②より，

$$\lambda = -\frac{1}{1200} x^{-\frac{2}{3}} y^{\frac{1}{2}}, \ \lambda = -\frac{1}{1000} x^{\frac{1}{3}} y^{-\frac{1}{2}}$$

であるので，

$$-\frac{1}{1200} x^{-\frac{2}{3}} y^{\frac{1}{2}} = -\frac{1}{1000} x^{\frac{1}{3}} y^{-\frac{1}{2}}$$
$$1000 x^{-\frac{2}{3}} y^{\frac{1}{2}} = 1200 x^{\frac{1}{3}} y^{-\frac{1}{2}}$$

両辺に $x^{\frac{2}{3}} y^{\frac{1}{2}}$ をかけて，

$$1000y = 1200x$$
$$y = \frac{6}{5} x$$

これを③に代入して，

$$400x + 500 \left(\frac{6}{5} x \right) - 10000 = 0$$
$$400x + 600x - 10000 = 0$$
$$1000x = 10000$$
$$x = 10$$

また, $y = \dfrac{6}{5}x$ であるので
極値を取る候補点は

$$(x, y) = (10, 12)$$

となる.
次に x, y それぞれについて限界効用が逓減しているかどうか調べる.
効用関数の 1 階・2 階導関数はそれぞれ

$$u_x(x, y) = \frac{1}{3}x^{-\frac{2}{3}}y^{\frac{1}{2}} > 0$$
$$u_{xx}(x, y) = \frac{\partial}{\partial x}\left(\frac{1}{3}x^{-\frac{2}{3}}y^{\frac{1}{2}}\right)$$
$$= -\frac{2}{9}x^{-\frac{5}{3}}y^{\frac{1}{2}} < 0$$
$$u_y(x, y) = \frac{1}{2}x^{\frac{1}{3}}y^{-\frac{1}{2}} > 0$$
$$u_{yy}(x, y) = \frac{\partial}{\partial y}\left(\frac{1}{2}x^{\frac{1}{3}}y^{-\frac{1}{2}}\right)$$
$$= -\frac{1}{4}x^{\frac{1}{3}}y^{-\frac{3}{2}} < 0$$

であることより, 効用関数 $u(x, y)$ は x, y それぞれについて限界効用逓減の法則を満たす.
よって, 効用を最大化する財の組がただ 1 組存在し, その財の組は

$$\underline{(x, y) = (10, 12)}$$

(2)　問題より, 予算制約式は

$$3x + 4y \leq 132$$

と書ける. いま, 予算制約式において等号が成立しない状況で効用が最大化されることはないので, この問題の定式化は

$$\text{maximize: } u(x, y) = \left(x^{\frac{1}{3}} + 3y^{\frac{1}{3}}\right)^3$$
$$\text{subject to: } 3x + 4y = 132$$

と書ける.
ここで $g(x, y) = 3x + 4y - 135$ とおくと, $g_x(x, y) = 3, g_y(x, y) = 4$ であり $g_x(x, y) = g_y(x, y) = 0$ でないのでラグランジュの乗数法を用いることができる. よって, $F = u(x, y) + \lambda g(x, y)$ とおいて $F_x = F_y = F_\lambda = 0$ として連立方程式を作り, これを解くことにより極値をとる候補点を求めることができる.
$F = \left(x^{\frac{1}{3}} + 3y^{\frac{1}{3}}\right)^3 + \lambda(3x + 4y - 135)$ であるので, 連立方程式は下のようになる.

$$\begin{cases} 3\left(x^{\frac{1}{3}} + 3y^{\frac{1}{3}}\right)^2 \cdot \frac{1}{3}x^{-\frac{2}{3}} + 3\lambda = 0 \cdots ① \\ 3\left(x^{\frac{1}{3}} + 3y^{\frac{1}{3}}\right)^2 \cdot \frac{1}{3}3y^{-\frac{2}{3}} + 4\lambda = 0 \cdots ② \\ 3x + 4y - 132 = 0 \cdots ③ \end{cases}$$

①，②より，

$$\lambda = -\frac{\left(x^{\frac{1}{3}} + 3y^{\frac{1}{3}}\right)^2}{3x^{\frac{2}{3}}}, \quad \lambda = -\frac{3\left(x^{\frac{1}{3}} + 3y^{\frac{1}{3}}\right)^2}{4y^{\frac{2}{3}}}$$

であるので，

$$-\frac{\left(x^{\frac{1}{3}} + 3y^{\frac{1}{3}}\right)^2}{3x^{\frac{2}{3}}} = -\frac{3\left(x^{\frac{1}{3}} + 3y^{\frac{1}{3}}\right)^2}{4y^{\frac{2}{3}}}$$

$$4y^{\frac{2}{3}} = 9x^{\frac{2}{3}}$$

$x > 0, y > 0$ より両辺を $\frac{1}{2}$ 乗して，

$$2y^{\frac{1}{3}} = 3x^{\frac{1}{3}}$$

両辺を3乗して，

$$8y = 27x$$

$$4y = \frac{27}{2}x$$

これを③に代入して，

$$3x + \frac{27}{2}x - 132 = 0$$

$$6x + 27x = 264$$

$$33x = 264$$

$$x = 8$$

また，$y = \frac{27}{8}x$ であるので
極値を取る候補点は

$$(x, y) = (8, 27)$$

となる．

次に x, y それぞれについて限界効用が逓減しているかどうか調べる．

効用関数の1階・2階導関数はそれぞれ

$$u_x(x, y) = 3\left(x^{\frac{1}{3}} + 3y^{\frac{1}{3}}\right)^2 \cdot \frac{1}{3}x^{-\frac{2}{3}}$$

$$= x^{-\frac{2}{3}}\left(x^{\frac{1}{3}} + 3y^{\frac{1}{3}}\right)^2 > 0$$

$$u_{xx}(x, y) = \frac{\partial}{\partial x}\left(x^{-\frac{2}{3}}\left(x^{\frac{1}{3}} + 3y^{\frac{1}{3}}\right)^2\right)$$

$$= -\frac{2}{3}x^{-\frac{5}{3}}\left(x^{\frac{1}{3}} + 3y^{\frac{1}{3}}\right)^2 + x^{-\frac{2}{3}} \cdot 2\left(x^{\frac{1}{3}} + 3y^{\frac{1}{3}}\right) \cdot \frac{1}{3}x^{-\frac{2}{3}}$$

$$= \frac{2}{3}x^{-\frac{5}{3}}\left(x^{\frac{1}{3}} + 3y^{\frac{1}{3}}\right)\left\{-\left(x^{\frac{1}{3}} + 3y^{\frac{1}{3}}\right) + x^{\frac{1}{3}}\right\}$$

$$= \frac{2}{3}x^{-\frac{5}{3}}\left(x^{\frac{1}{3}} + 3y^{\frac{1}{3}}\right)\left\{-3y^{\frac{1}{3}}\right\}$$

$$= -2x^{-\frac{5}{3}}y^{\frac{1}{3}}\left(x^{\frac{1}{3}} + 3y^{\frac{1}{3}}\right) < 0$$

$$u_y(x, y) = 3\left(x^{\frac{1}{3}} + 3y^{\frac{1}{3}}\right)^2 \cdot 3 \cdot \frac{1}{3}y^{-\frac{2}{3}}$$

$$= 3y^{-\frac{2}{3}}\left(x^{\frac{1}{3}} + 3y^{\frac{1}{3}}\right)^2 > 0$$

$$u_{yy}(x, y) = \frac{\partial}{\partial x}\left(3y^{-\frac{2}{3}}\left(x^{\frac{1}{3}} + 3y^{\frac{1}{3}}\right)^2\right)$$

$$= -2y^{-\frac{5}{3}}\left(x^{\frac{1}{3}} + 3y^{\frac{1}{3}}\right)^2 + 3y^{-\frac{2}{3}} \cdot 2\left(x^{\frac{1}{3}} + 3y^{\frac{1}{3}}\right) \cdot 3 \cdot \frac{1}{3}y^{-\frac{2}{3}}$$

$$= -2y^{-\frac{5}{3}}\left(x^{\frac{1}{3}} + 3y^{\frac{1}{3}}\right)\left\{\left(x^{\frac{1}{3}} + 3y^{\frac{1}{3}}\right) - 3y^{\frac{1}{3}}\right\}$$

$$= -2y^{-\frac{5}{3}}\left(x^{\frac{1}{3}} + 3y^{\frac{1}{3}}\right)\left\{x^{\frac{1}{3}}\right\}$$

$$= -2x^{\frac{1}{3}}y^{-\frac{5}{3}}\left(x^{\frac{1}{3}} + 3y^{\frac{1}{3}}\right) < 0$$

であることより，効用関数 $u(x, y)$ は x, y それぞれについて限界効用逓減の法則を満たす．よって，効用を最大化する財の組がただ 1 組存在し，その財の組は

$$\underline{(x, y) = (8, 27)}$$

参考文献

[1] 「解析概論」 高木貞治 著　岩波書店

[2] 「基礎微分積分学 (2)」 中村哲男・今井秀雄・清水悟 共著　共立出版株式会社

[3] 「集合論・入門—無限への誘い」 上江洲忠弘 著　遊星社

[4] 「数学基礎プラス α（金利編）」 高木悟 著　早稲田大学出版部

[5] 「数学基礎プラス α（最適化編）」 高木悟 著　早稲田大学出版部

[6] 「数学基礎プラス β（金利編）」 高木悟 著　早稲田大学出版部

[7] 「数学基礎プラス β（最適化編）」 高木悟 著　早稲田大学出版部

[8] 「数学基礎プラス γ（線形代数学編）2013」 新庄玲子 著　早稲田大学出版部

[9] 「数学基礎プラス γ（線形代数学編）2016」 大枝和浩 著　早稲田大学出版部

[10] 「数学基礎プラス γ（解析学編）2013」 新庄玲子 著　早稲田大学出版部

[11] 「数学基礎プラス α（金利編）2016」 上江洲弘明・高木悟 著　早稲田大学出版部

[12] 「数学基礎プラス β（金利編）2016」 上江洲弘明・高木悟 著　早稲田大学出版部

[13] 「数学基礎プラス α（最適化編）2016」 齋藤正顕・高木悟 著　早稲田大学出版部

[14] 「数学基礎プラス β（最適化編）2016」 齋藤正顕・高木悟 著　早稲田大学出版部

[15] 「微分積分 上（応用解析の基礎 1）」入江昭二・垣田高夫・杉山昌平・宮寺功 共著　内田老鶴圃

[16] 「微分積分 下（応用解析の基礎 1）」入江昭二・垣田高夫・杉山昌平・宮寺功 共著　内田老鶴圃

[17] 「微分積分」 矢野健太郎・石原繁 編　裳華房

[18] 「微分積分学概説」 池辺信範・中村幹雄・神崎正則・緒方明夫 共著　培風館

[19] 「数学基礎プラス α（金利編）2019」　早稲田大学グローバルエデュケーションセンター数学教育部門 編　早稲田大学出版部

[20] 「数学基礎プラス α（最適化編）2019」　早稲田大学グローバルエデュケーションセンター数学教育部門 編　早稲田大学出版部

[21] 「数学基礎プラス β（金利編）2019」　早稲田大学グローバルエデュケーションセンター数学教育部門 編　早稲田大学出版部

[22] 「数学基礎プラス β（最適化編）2019」　早稲田大学グローバルエデュケーションセンター数学教育部門 編　早稲田大学出版部

[23] 「数学基礎プラス γ（線形代数学編）2019」　早稲田大学グローバルエデュケーションセンター数学教育部門 編　早稲田大学出版部

数学基礎プラスγ(解析学編)(2020年度版) —効用を最大にするには？—

2020 年 4 月 1 日発行

編　者	早稲田大学グローバルエデュケーションセンター 数学教育部門
発行者	須賀　晃一
発行所	早稲田大学出版部
	〒 169-0051　東京都新宿区西早稲田 1-9-12
	電話 03-3203-1551　FAX 03-3207-0406